一學就會！
法國人氣
甜鹹點
&經典名菜

70 { 道法國媽媽家傳配方 }
餐桌必備家常好味道，人人在家也能輕鬆做

法蘭西斯・馬耶斯 Francis Maes & 林鳳美——著　戴子維&戴子寧——繪

Les recettes gourmandes françaises pour tous

Contents
Les recettes gourmandes françaises pour tous

Part 1

認識材料，準備器具，熟記步驟

Part 2

新手一定要知道的注意事項

Part 3

開始做糕點前，先練好基本功

Part 4

法國人早餐必吃可頌麵包

Part 5

法國地方特色甜點

Part 6

法國人午茶飯後必嘗甜點

Les recettes gourmandes françaises pour tous  Contents

傳承手藝，讓人人在家享受法國家常好味道

法蘭西斯・馬耶斯（法國糕點師傅，本書甜點顧問）

每個國家民族都有其特色美食，而美食又形塑一個國家的形象、文化和吸引力。法國人熱愛美食，從小就培養成性。從餐前的開胃酒和鹹點、前菜、主菜到飯後甜點，樣樣馬虎不得。法國人什麼都可以不在乎，就是不能不講究餐桌上，令法國人引以為傲的美食佳餚和甘醇美酒。法國飲食聞名世界，從製作過程開始，至完成料理後的擺盤，精雕細琢，慢工細活，要求完美呈現在眾人眼前，因而享譽風靡全球。法國飲食歷史悠久，世界聞名，深得老饕喜愛，法國麵包甜點更是如此！法國料理與糕點於中世紀開始在全球嶄露頭角，經過不斷改變與創新，保留了傳統味道，更在外形上下功夫，16世紀就在世界各地發揚光大，深受大眾喜愛。

法國地大物博，盛產大麥、小麥、葡萄酒、乳酪、各種肉類海鮮及新鮮蔬果，物資豐盈。東西南北中部各地，因地域、氣候溫度、物產食材不同，生產富地方特色的傳統料理和糕點。法國人喜歡用當地新鮮食材在自家烹調料理，製作糕點，從小就跟隨父母品嘗美食，下廚做菜，享受生活，過節時吃應景糕點料理，平日或宴客時則在飯前喝酒開胃，還會做幾道鹹點來搭配墊胃。日積月累的薰陶下，這種享受人生的步調方式和烹調品嘗美食的生活習慣，延續了一代又一代，也將家傳的料理及糕點食譜傳承下去，而這就是大多數法國人都能做出一手好菜的原因。

歐洲因出產小麥，人民多以麵包為主食，法國也不例外。11世紀，麵包還是非常珍貴的食物，只有王公貴族有錢人才吃得起。中世紀時研究出以酵母發酵來製作粗糧麵包，並用傳統磚窯爐烘製麵包；17世紀則有以酵母發製成的白麵包。到了19世紀，法國才有源自奧地利的可頌。至今，麵包已經研究改良成千百種口味。本書介紹的可頌和布里歐什都是以天然材料製作而成，都是法國現今廣受歡迎、銷售最佳的麵包。

我14歲開始當麵包糕點學徒，後來出師經營糕點店長達38年之久，漫長的職業生涯中，堅持用天然配方來製作傳統法式甜點，沒有華麗裝飾，也無亮麗色彩，全都是原

汁原味，不添加人工化學添加物增加風味。每一道糕點配方皆以天然食材製作，如今也是麵包糕點師傅的兒孫仍秉持這個方式來製作糕點麵包。

現今的烘培技術和專業器具，比我當年工作時來得先進。不僅以機器代替雙手來攪拌混合麵團，麵團分割機器把麵團分成大小等份絲毫不差的準確程度，而製作好的麵種放置在設定好、可定時控溫的發酵機裡發酵，使麵包製作過程變得更加簡便迅速精準。最後再靠雙手整形揉成各種造型，二次發酵後烘烤成法國家庭餐桌上的主要糧食。法國家庭多用小型麵包機在自家烘培麵包，而書中介紹的布里歐什和可頌製作配方，都能輕易在家中手工揉麵，或以小型電動打蛋器換成揉麵鉤，將配方拌製成麵團，在家烘烤出簡易手工麵包，不必使用特殊專業機具，僅靠雙手就能製作出法國道地家常傳統麵包。

我熱愛糕點，想將畢生所學的專業技能和知識，傳授給更多想學習法國家傳麵包和鹹甜糕點的人，因而在各市政協會和休閒俱樂部教授糕點課程。我認為沒有一件事比傳承更美麗更值得驕傲，也一直身體力行延續法國飲食文化傳統。我由衷感到非常榮幸，有這個機會以食譜書的方式，將自己幾十年來的烘焙手藝和家傳配方與大家分享，讓法國飲食文化繼續傳承下去。

在此我想給學習做麵包糕點的新手一些小叮嚀，多做幾次必能熟能生巧。除了需準備一個好秤來準確計量材料配方，再來就是掌握火候。得注意：

1. 烘烤糕點前請依照配方，設定烤箱溫度，先預熱 10 分鐘。
2. 糕點烘烤期間，絕對不要隨意開啟烤箱門。
3. 定好時間，控制好溫度。
4. 預留充分時間製作。
5. 保持愉悅心情，才能用心製作出好吃的麵包糕點。

我認為有一種最簡單的幸福，人人都可以輕易做到：就是在家親手製作糕點！我很高興確認這本書傳承我的手藝和技法，書中匯集的製作配方，有許多都非常容易製作，例如：糖水西洋梨、蘋果醬、法式巧克力戚風蛋糕、諾曼地蘋果蛋塔、糖漬水果蛋糕、草莓千層夾心酥等，都是我幾十年來的獨門配方，由衷希望每位讀者都能在家享受這「法國家常好味道」！

輕鬆學會，法國人從小吃到大的家傳好滋味

「將自己畢生所學的技藝與知識，再傳承給想學的人」，是我的甜點老師法蘭西斯‧馬耶斯一直念茲在茲的心願和想法。而我也秉持這股信念，把從老師傅那兒學來的技巧知識，傳授給想了解並學習法國傳統糕點的讀者朋友。老師非常用心教導，讓我學到許多製作麵包糕點的技巧和訣竅。照著老師叮嚀該注意的要點來製作，讓我更加上手！

曾經營麵包糕點巧克力店的法蘭西斯老師，烘培生涯一甲子，擁有豐富的甜點經驗。這本書收錄法蘭西斯老師的個人獨門配方，以及法國傳統麵包糕點食譜和製作技巧，分享給想學做法國麵包糕點的烘焙新手和達人，掌握正確技巧，輕鬆製作麵包、甜點、開胃鹹點。

法國生活消費較台灣高出許多，沒什麼小吃攤或 24 小時營業的便利商店，餐廳消費高，一般家庭外食機會屈指可數，因此造就許多法國男女或家庭主婦煮夫都是有兩把刷子的料理能手。每個法國家庭都有其自豪能端上桌的家常料理和糕點，無論是源自長輩的家傳配方，還是自己鑽研的家常口味，對法國人來說，享受自家手工製的家常糕點料理是生活中不可或缺的習慣。就如外子老米從小吃他母親手做的家常甜點，如巧克力慕斯、西洋梨塔、米布丁等，如果有段時間沒吃，就會想念母親的手藝，這就是一種飲食鄉愁。我兒小米也經常吃我做的糕點，只要一陣子沒吃到，就會吵著要吃，而且還會特別指定，這也是一種習慣！就像我偶爾也會想念母親的台灣家常菜和糕點。一般人都以為甜點的最大愛好者是女性，在法國其實不然，男女老幼都喜歡，而法國男人大多愛吃甜成性，從小吃慣了媽媽的家常飯後糕點，養成吃甜食習慣，我家的兩位男生就是如此。

　　法國人愛吃美食，喜歡自製料理糕點，也喜歡和朋友聊吃，我經常與糕點課和健行隊的法國朋友交流糕點料理製作，還會相互交換食譜。法國朋友問我亞洲料理或中西式糕點製作，我則向他們討教法國家常料理和糕點的製作訣竅和配方。每當有聚會，大家都會帶自家糕點和眾人一起享用，並分享自己的配方和製作技巧。像伊芙特做的蘋果軟綿蛋糕，吃過的人都說好吃，我便向她請教食譜配方，並經過她同意收錄在本書中。她吃過我的馬卡龍和水果軟糖，也問我配方和製作訣竅。大家相互交流切磋，彼此分享家常食譜，使我學到更多法國家常食譜，更深入了解甜點的製作精華。

　　繼上本書《一學就會！法國經典甜點》，本書收錄更多法國人氣甜點和傳統故事，並教大家製作法國人早餐必吃的可頌和布里歐什。十種不同風味的法國家常麵包與下午茶甜麵包，讓讀者了解法國人的早餐和下午茶都吃些什麼，還有深受法國人喜愛的開胃鹹點和飯後甜點。更難得的是，本書特別收錄十道法國各地著名傳統料裡，帶領讀者深入法國人家廚房，向法國阿嬤和媽媽學做法國經典家常菜。最後再利用這些鹹甜點和法國菜，設計十套地方特色菜單 Menu，讓家庭主婦和單身貴族在平日或節慶宴請親朋好友時，在家裡照著書中套餐菜單上的菜色，從餐前開胃鹹點到飯後甜點全部搞定！讓你做菜宴客不再是難題，一切變得更方便簡單！只要照著書中搭配好的菜色，把自家餐廳變成星級餐廳，成為親朋好友欽羨不已的法國料理甜點高手！

旅居法國 11 年，學做法國糕點和料裡的心得是，法國菜多以燜、燉、烤三大烹調方式為主，不似台灣以拌炒居多。法國菜在製作上會比快炒來得費時，配料上也較繁雜，但只要準備好所需食材，以燜、燉、烤來烹調，就能遠離油煙，輕鬆上菜。如今，歐式進口食材和佐料比以往容易取得，在家 DIY 製作法國糕點和傳統料理不再是天方夜譚的夢想！而有了這本書，動手做開胃鹹點、家常甜點和法國菜也變得輕而易舉，不再是不可能的任務！

　　沒有人天生是大廚師和烘焙家，只有不斷從失敗中學習，才有製作成功的那一刻。我在書中還特別為食譜標上星號，讓讀者能輕易辨別每一種麵包糕點和料理製作的難易度，星號越少越簡單，越多則越難，方便新手和具有基礎的達人從中選擇適合的糕點料理入手。

　　請讀者在製作前，先看過一遍食譜內容，將所需材料配方仔細稱量好，照著書中指示的步驟程序按部就班，一個步驟一個動作地照做，謹記小叮嚀提醒該留意的地方，相信你一定也能輕鬆完成，製作出讓家人朋友讚賞的法國家常味！

Part 1

認識材料，準備器具，
熟記步驟

蛋、糖、麵粉、奶油是法國糕點的四大材料，

配角則有蛋糕發粉、玉米粉、新鮮水果、鮮奶油、乾果、香草及巧克力等，

依照不同配方混合搭配。

以天然食材製作的糕點吃起來安心又健康，

各式烘培器具更是製作不同類型及外形糕點的好幫手。

1-1 糕點基本器具，附法語和音標

- **鋼鍋**
  Cul-de-poule〔ky də pul〕
  打發蛋白，混合糕點材料，隔水融化巧克力時使用。

- **玻璃（白瓷）盅**
  Saladier〔saladje〕
  打發蛋白，混合糕點材料，隔水融化巧克力時使用。

- **塑膠盅**
  Bol plastique〔bɔl plastik〕
  打發蛋白，混合糕點材料用。

- **打蛋器**
  Parcelle au fouet〔paʀsɛl o fwɛ〕

  混合液體材料或打發蛋白蛋黃用，無（半）鹽奶油。

- **電動攪拌器**
  Batteur électrique〔batœʀ elɛktʀik〕
  打發蛋白、無（半）鹽奶油、發泡鮮奶油。

- **電動食物處理機**
  Robot mixeur〔ʀobo miksœʀ〕
  攪碎與混合各式肉類、乾果類或蔬菜類。

- **電子秤**
  Balance électrique〔balɑ̃s elɛktʀik〕
  秤量糕點材料的準確重量。

- **量杯**
  測量液體或少量粉狀材料用。
  ▶ 玻璃量杯 Verre doseur gradué
    〔vɛʀ dozœʀ gʀadɥe〕
  ▶ 塑膠量杯 Verre gradué en plastique
    〔vɛʀ gʀadɥe ɑ̃ plastik〕

- **烤箱**
  Four〔fuʀ〕
  依據不同糕點的烘烤溫度及時間調節火溫，烘烤糕點時用。

- **烤盤**
  Plaque pâtisserie〔plak patisʀi〕
  放糕點進烤箱烘烤時用。

- **烤架**
  Grille à pâtisserie〔gʀij ɑ patisʀi〕
  放糕點進烤箱烘烤或烘烤後糕點放涼乾燥時用。

- **壓石／烘焙石**
Chaîne fond de tarte〔ʃεn fɔ̃ də taʀt〕

烘烤前在生塔皮或生派皮上墊張烘焙紙，再壓上烘焙專用的重石，使塔皮或派皮不致於過度膨脹、變形。也可使用乾燥豆子或果核代替。

- **手動榨汁器**
Manual Juice〔manyεl ʒyisεʀ〕

新鮮水果如柳橙、檸檬等對切後，用手左右轉動擠成汁。

- **網篩**
Tamis à farine〔tami ɑ faʀin〕

麵粉、糖粉、杏仁粉過篩用。

- **木勺**
Bâtonnet en bois〔batɔnε ɑ̃ bwa〕

圓頭形木棒用於攪拌任何材料，與混合打發無（半）鹽奶油用。

- **蛋糕刮刀**
Spatule maryse silicone〔spatyl maʀis silikon〕

將蛋糕材料刮入烤模及混合材料用或切割麵團用。

- **蛋糕抹刀**
Spatule à pâtisserie〔spatyl ɑ patisʀi〕

塗上或抹平發泡鮮奶油及奶油餡料時使用。

- **切麵刀**
Coupe-pâte〔kup-pat〕

切開麵、塔皮、糕點製品用料時使用。

- **披薩滾刀**
Roulette à pizza〔ʀulεt ɑ pidza〕

切開麵皮、塔皮、糕點、披薩時使用。

- **刀子**
Couteau〔kuto〕

切開糕點基本材料及製作用料時使用。

- **玻璃碗**
Bol en verre〔bɔl ɑ̃ vεʀ〕

分裝糕點製作時所需材料。

- **各式烤模**
烘烤糕點時，依照所需要尺寸、材質及烘烤外型，選擇適合的模具使用。

  ▸ 塔模 Moule à tarte〔mul ɑ taʀt〕
  ▸ 無底塔環烤模 Cercle à tarte〔sεʀkl ɑ taʀt〕
  ▸ 慕斯模 Cercles à mousse〔sεʀkl ɑ mus〕
  ▸ 蛋糕模 Moule à gâteau〔mul ɑ gato〕
  ▸ 瓷碟烤盅 Moule à manqué〔mul ɑ mãke〕
  ▸ 小型烤模 Moules à petits-fours〔mul ɑ p(ə)ti-fuʀ〕
  ▸ 餅乾模 Emporte-pièces〔ɑ̃poʀt-pjεs〕
  ▸ 陶瓷或玻璃製小烤盅 Ramequin〔ʀamkɛ̃〕

- 涼架
Volette à pâtisserie
〔vɔlɛt ɑ patisʁi〕
蛋糕出爐時倒置散熱用。

- 毛刷
Pinceau à pâtissière
〔pɛ̃ so ɑ patisʁi〕

塗上糖水、刷蛋汁、果醬等材料時用。

- 擀麵棍
Rouleau à pâtissière〔rolo ɑ patisʁi〕
擀平麵團用。

- 烘焙紙
Papier de cuisson ／ Feuille de cuisson
〔papje də kɥisɔ̃ ／ fœj də kɥisɔ̃〕
鋪在烤盤或烤具上的糕點製作專用鋪紙。

- 擠花袋
Poche à douille〔pɔʃ ɑ duj〕
製作糕點時裝入餡料的塑膠或布製袋子，以擠出
固定的花飾或糕點外型的裝飾。

- 擠花嘴
Douille〔duj〕
套在擠花袋底端，不同樣式的擠花嘴可擠出不同
的花樣作糕點的裝飾。

- 料理用有柄深鍋
Casserole〔kasʁɔl〕
煮沸或製作糕點醬汁用。

- 平底鍋
Poêle〔pwal〕

炒料或煎餅用。

- 鐵鍋

Marmite en fonte
〔maʁmit ɑ̃ fɔ̃t〕
耐熱，保溫性高，適合用於燜煮料理。

- 刨絲器
Mandoline〔mɑ̃dɔlin〕
刮巧克力及磨檸檬皮和柳橙皮用。

- 削皮刀
Économe〔ekɔnɔm〕

削水果皮用。

- 剪刀
Ciseaux〔sizo〕
修剪烘焙紙或剪開包裝袋用。

- 湯匙
Cuillère〔kɥijɛʁ〕
舀入糕點材料裝入內餡或攪拌糕點材料用。

- 湯勺／湯瓢
Louche〔luʃ〕

製作好糕點和料理材料，
舀入裝餡或盛入盤中用。

- 叉子
Fourche〔fuʁʃ〕
在塔皮、派皮或麵皮上叉小洞用。

註：ɔ̃、ɑ̃、ɛ̃ 等發帶 n 的鼻音。以上法語音標參照
2012 年最新版法語辭典 Le Petit Robert。

1-2 糕點基本材料，附法語和音標

〔麵粉類〕
- 低筋麵粉 Farine de blé type45
  〔faʀin də ble tip kaʀɑ̃t sɛ̃k〕（糕點用）
- 高筋麵粉 Farine de blé type55
  〔faʀin də ble tip sɛ̃kɑ̃t sɛ̃k〕（麵包用）
- 低筋麵粉與高筋混合即是中筋麵粉
- 黑蕎麥麵粉 Farine de blé noir
  〔faʀin də ble nwaʀ〕

〔發粉類〕
- 蛋糕發酵粉 Levure chimique
  〔l(ə)vyʀ ʃimik〕
- 麵包發酵粉 Levure du boulangère
  〔l(ə)vyʀ dy bulɑ̃ʒeeʀ〕
- 麵包用新鮮酵母 Levure fraîche
  〔l(ə)vyʀ fʀɛʃ〕

〔液態類〕
- 熱水 L'eau chaude〔lo ʃod〕
- 常溫水 L'eau tiède〔lo tjɛd〕
- 冰水 L'eau froide〔lo fʀwad〕
- 糖水 Sirop de sucre〔siʀo də sykʀ〕
- 液態鮮奶油 Crème liquide〔kʀɛm likid〕
- 牛奶 Lait〔lɛ〕

〔奶油類〕
- 無鹽奶油 Beurre doux〔bœʀ du〕
- 半鹽奶油 Beurre demi sel〔bœʀ d(ə)mi sɛl〕
- 發泡鮮奶油 Crème Chantilly〔kʀɛm ʃɑ̃tiji〕
- 新鮮奶油 Crème fraîche〔kʀɛm fʀɛʃ〕
- 濃縮鮮奶油 Crème fraîche épaisse
  〔kʀɛm fʀɛʃ epɛs〕

〔蛋〕
- 全蛋 Oeuf entier〔œf ɑ̃tje〕
- 蛋白 Blanc d'œuf〔blɑ̃ d'œf〕
- 蛋黃 Jaune d'œuf〔ʒon d'œf〕

〔糖類〕

- 細砂糖 Sucre poudre〔sykʀ pudʀ〕
- 黃砂糖 Cassonade〔kasɔnad〕
- 黑糖 Sucre noir〔sykʀ nwaʀ〕
- 糖粉 Sucre glace〔sykʀ glas〕
- 晶糖 Sucre en grains〔sykʀ ɑ̃ gʀɛ̃〕
- 麥飴（水飴麥芽或透明麥芽糖）
  Sirop de glucose〔siʀo də glykoz〕
- 糖漿 Sirop de sucre〔siʀo də sykʀ〕

〔巧克力〕
- 黑巧克力 Chocolat noir〔ʃokɔla nwaʀ〕
- 白巧克力 Chocolat blanc〔ʃokɔla blɑ̃〕
- 牛奶巧克力 Chocolat au lait〔ʃokɔla o lɛ〕

〔酒類〕
- 白蘭地 Cognac〔kɔɲak〕
- 棕色蘭姆酒 Rhum brun〔ʀɔm bʀœ̃〕
- 櫻桃酒 Kirsch〔kiʀʃ〕
- 雅瑪邑白蘭地 Armagnac〔aʀmaɲak〕
- 藍色橙香甜酒 Curaçao blue〔kyʀaso blu〕
- 茴香酒 Pastis〔pastis〕
- 紅酒 Vin rouge〔vɛ̃ ʀuʒ〕
- 白酒 Vin blanc〔vɛ̃ blɑ̃〕

〔香料粉類〕
- 食鹽 Sel〔sɛl〕
- 白胡椒粉 Poivre blanc〔pwavʀ blã〕
- 黑胡椒粉 Poivre noir〔pwavʀ nwaʀ〕
- 研磨 5 色胡椒粒 Moulin 5(cinq) baies〔mulɛ̃ sɛ̃k bɛ〕
- 白芝麻 Sésame blanc〔sezam blã〕
- 玉米粉 Maïzena〔maizena〕
- 豆蔻粉 Muscade en poudre〔myskad ã pudʀ〕
- 香芹粉 Persil en poudre〔pɛʀsi ã pudʀ〕
- 乾燥丁香 Clou de girofle〔klu də ʒiʀɔfl〕
- 薑粉 Gingenbre moulu〔ʒɛ̃ʒãbʀ muly〕
- 黑可可粉 Cacao noir en poudre
  〔kakao nwaʀ ã pudʀ〕
- 桂皮粉 Cannelle de ceylan moulue
  〔kanɛl də sɛlan muly〕
- 綜合四香粉 Poudre de quatre épices
  〔pudʀ də katʀ epis〕
- 香草糖粉 Sucre vanillé bourbon
  〔sykʀ vanije buʀbɔ〕
- 香草粉 Poudre de vanille〔pudʀ də vanij〕
- 即溶咖啡粉 Café soluble〔kafe sɔlybl〕

〔香精、糖漿、果醬類〕
- 香草棒 Gousses de vanille〔gus də vanij〕
- 天然香草精（糖漿）Arôme naturel de vanille
  〔aoʀm natyʀɛl də vanij〕
- 天然香料濃縮柳橙精 Arôme naturel concentré orange
  〔aoʀm natyʀɛl kɔ̃sãtʀe ɔʀãʒ〕

- 杏仁精 Arôme d'amande〔aʀɔm d'amãd〕
- 柳橙花精 Arôme fleur d'oranger
  〔aʀɔm flœʀ d'ɔʀãʒ〕
- 焦糖漿 Sauce au caramel sucrée
  〔sykʀ o kaʀamɛ sykʀe〕
- 覆盆子濃縮糖漿 Coulis de framboise
  〔kuli də fʀãbwaz〕
- 覆盆子果醬 Confiture de framboise
  〔kɔ̃fityʀ də fʀãbwaz〕
- 草莓果醬 Confiture de fraises〔kɔ̃fityʀ də fʀɛz〕

〔佐粉類〕
- 吉利丁片 Gélatine en feuilles〔ʒelatin ã fœj〕
- 吉利丁粉 Gélatine alimentaire en poudre
  〔ʒelatin alimãtɛʀ ã pudʀ〕
  （或 agar agar〔agaʀ agaʀ〕）
- 發泡鮮奶油粉 Fixe chantilly〔fiks ʃãtiji〕
- 鏡面果膠粉 Nappage pour tarte〔napaʒ puʀ taʀt〕
- 果膠粉 Poudre de pectine〔pudʀ də pɛktin〕

〔堅果、乾果類〕
- 去皮榛果 Noisette décortiquée〔nwazɛt dekɔʀtike〕
- 榛果粉 Poudre de pralin〔pudʀ də pʀalɛ̃〕
- 整顆杏仁 Amande〔amãd〕

- 杏仁片 Amandes effilées〔amãd efile〕
- 杏仁粉 Poudre d'amande〔pudʀ d'amãd〕
- 整顆開心果 Pistache verte〔pistaʃ vɛʀt〕
- 開心果碎 Pistaches torréfiées〔pistaʃ tɔʀefje〕
- 去皮核桃 Cerneaux de noix〔sɛʀno də nwa〕
- 葡萄乾 Raisin sec〔ʀɛzɛ̃ sɛk〕
- 黃杏李子乾 Abricot sec〔abʀiko sɛk〕
- 黑李乾 Pruneaux sec〔pʀyno sɛk〕
- 糖漬水果乾 Fruit confit〔fʀyi kõfi〕
- 糖漬柳橙 Confit orange〔kõfi ɔʀɑ̃ʒ〕
- 糖漬檸檬 Confit citron〔kõfi sitʀõ〕

[水果、果汁類]
- 檸檬 Citron〔sitʀõ〕
- 櫻桃 Cerise〔s(ə)ʀiz〕
- 西洋梨 Poire〔pwa〕
- 蘋果 Pomme〔pɔm〕
- 覆盆子 Framboise〔fʀãbwaz〕
- 紅漿果 Fruit rouge〔fʀyi ʀuʒ〕
- 柳橙 Orange〔ɔʀɑ̃:ʒ〕
- 香瓜 Melon〔m(ə)lõ〕
- 黑李 Pruneaux／Questsche〔pʀyno / kwɛʃ〕
- 草莓 Fraise〔fʀɛz〕
- 奇異果 Kiwi〔kiwi〕
- 杏桃 Abricot〔abʀiko〕
- 桃子 Pêche〔pɛʃ〕
- 柳橙汁 Jus d'orange〔ʒy d'ɔʀɑ̃ʒ〕
- 檸檬汁 Jus de citron〔ʒy də sitʀõ〕

[其他食材]

米
- 圓米 Riz rond〔ʀi ʀõ〕
- 長米 Riz long〔ʀi lõ〕

麵皮
- 薄餅皮 Feuille de filo〔fœj də filo〕／
  Feuille de brick〔fœj də bʀik〕

乳酪

- 乳酪 Fromage〔fʀɔmaʒ〕
- 白乳酪 Fromage blanc〔fʀɔmaʒ blã〕
- 新鮮乳酪 Fromage frais〔fʀɔmaʒ fʀɛ〕
- 卡蒙貝爾乳酪 Fromage Camembert
  〔fʀɔmaʒ kamãbɛʀ〕
- 羊乳酪 Fromage chèvre〔ʃɛvʀ〕
- 新鮮羊乳酪 Fromage chèvre frais〔fʀɔmaʒ ʃɛvʀ fʀɛ〕
- 貢德乳酪 Fromage comté〔fʀɔmaʒ kõte〕
- 艾曼塔乳酪 Fromage emmental〔fʀɔmaʒ emɛ̃tal〕
- 侯格堡藍黴乳酪 Fromage Roquefort〔fɔmaʒ ʀɔkfɔʀ〕

海鮮、魚類
- 鮭魚 Saumon〔somõ〕
- 煙燻鮭魚 Saumon fumé〔somõ fyme〕
- 鮪魚 Thon〔tõ〕
- 鱒魚 Truite〔tʀyit〕
- 鱈魚片 Filet de merlan〔filɛ də mɛʀlã〕
- 干貝／小干貝 Noix de coquille saint jacque／
  Noix de pétoncle
  〔nwa də kɔkiji sɛ̃ ʒak nwa də petõk〕
- 淡菜 Moule〔mul〕
- 魚 Poisson〔pwasõ〕
- 綜合海鮮 Fruit de mer〔fʀyi də mɛʀ〕

肉類
- 鵝肝 Foie gras〔fwa gʀa〕
- 鴨肉 Canard〔kanaʀ〕
- 鴨腿 Cuisse de canard〔kyis də kanaʀ〕
- 雞肉 Poulet〔pulɛ〕
- 公雞肉 Coq〔kɔk〕
- 牛肉 Bœuf〔bœf〕

- 豬肉 Porc〔pɔʀ〕
- 豬胸肉 Poitrine de porc〔pwatʀin də pɔʀ〕
- 豬絞肉 Chair de saucisse〔ʃɛʀ də sosis〕
- 豬腳 Jarret de porc〔ʒaʀɛ də pɔʀ〕
- 煙燻肉 Lard fumé〔laʀ fyme〕
- 豬肩肉 Palette de porc〔palɛt də pɔʀ〕
- 熱狗香腸 Saucisse〔sosis〕
- 乾辣腸 Saucisse chorizo〔sosis ʃoʀizo〕
- 火腿 Jambon〔ʒɑ̃bɔ̃〕
- 煙燻火腿 Jambon Bayonne〔ʒɑ̃bɔ̃ bajonə〕

蔬菜、香辛料

- 洋蔥 Oignon〔ɔɲɔ̃〕
- 茴香莖 Fenouil〔fənuj〕
- 蒜頭 Ail〔aj〕
- 紅蔥頭 Échalote〔eʃalɔt〕
- 韭蔥 Poireaux〔pwaʀo〕
- 胡蘿蔔 Carotte〔kaʀɔt〕
- 橄欖 Olives〔ɔliv〕
- 西洋芹 Céleri〔sɛlʀi〕
- 蘿蔔 Radis〔adi〕
- 甘藍 Chou blanc〔ʃu blɑ̃〕

- 蘑菇 Champignon〔ʃɑ̃piɲɔ̃〕
- 乾小白豆 Haricot sec〔aʀiko sɛk〕
- 馬鈴薯 Pomme de terre〔pɔm də tɛʀ〕
- 法式酸黃瓜 Cornichon〔kɔʀniʃɔ̃〕
- 法式芥末醬 Moutarde〔mutaʀd də diʒɔn〕
- 香料串 Bouquet garni〔bukɛ gaʀni〕
- 美極雞湯塊 Maggi bouillon arômatisé au poulet〔maʒi bujɔ̃ aʀɔmatize o pulɛ〕
- 新鮮／乾燥月桂葉 Laurier frais ／ séche〔lɔʀje fʀɛ sɛʃ〕
- 新鮮／乾燥百里香 Thym frais ／ séche〔tɛ̃ fʀɛ sɛʃ〕
- 新鮮／乾燥蒔蘿 Aneth frais ／ séche〔anɛt fʀɛ sɛʃ〕
- 新鮮／乾燥香芹 Persil frais ／ séche〔pɛʀsi fʀɛ sɛʃ〕
- 新鮮／乾燥羅勒（九層塔）Basilic frais ／ séche〔bazilik fʀɛ sɛʃ〕

註：ɔ̃、ɑ̃、ɛ̃ 等發帶 n 的鼻音。以上法語音標參照 2012 年最新版法語辭典 Le Petit Robert。

- 分開蛋白與蛋黃 Séparer jaune et blanc d'œufs〔separe ʒon e blɑ̃ d'œf〕
- 用攪拌器打發 Fouetter au Batteur〔fwete o batœʀ〕
- 繼續打發 Continuer à battre〔kɔ̃tinɥe a batʀ〕
- 融化奶油 Faire fondre le beurre〔fɛʀ fɔ̃dʀ lə bœʀ〕
- 預熱牛奶 Préchauffer le lait〔pʀeʃofe lə lɛ〕
- 麵粉過篩 Tamiser la farine〔tamize la faʀin〕
- 奶糊過篩 Passer au chinois〔pɑse o ʃinwa〕
- 撒上麵粉 Saupoudrer la farine〔sopudʀe la faʀin〕
- 滾成長棍狀 Rouler la pâte comme un bâtonnet en bois〔ʀule la pɑt kɔm œ̃ batɔnɛ ɑ̃ bwa〕
- 滾圓 Mettre en boule〔mɛtʀ ɑ̃ bul〕
- 擀摺麵糰 Abaisser et Replier la pâte〔abese e ʀ(ə)plije la pɑt〕
- 烤模塗上奶油 Beurrer le moule〔bœʀe lə mul〕
- 加入蛋黃和糖 Ajouter le jaune d'œuf et le sucre〔aʒute lə ʒon d'œf e lə sykʀ〕
- 用打蛋器混合 Mélanger au fouet〔melɑ̃ʒe o fwɛ〕
- 混合加入麵粉 Incorporer la farine〔ɛ̃kɔʀpɔʀe la faʀin〕
- 倒入奶油 Verser le beurre〔vɛʀse lə bœʀ〕
- 洗淨蘋果 Laver la pomme〔lave la pɔm〕
- 蘋果去皮 Peler la pomme〔pəle la pɔm〕
- 杏桃去籽 Dénoyauter les abricots〔denwajote le abʀiko〕
- 切成薄片 Couper en tranches〔kupe ɑ̃ tʀɑ̃ʃ〕
- 切成小丁 Couper en cubes〔kupe ɑ̃ kyb〕
- 放入冷藏（冷凍）Placer au refrigérateur（congélateu ）〔plase o ʀefʀiʒeʀatœʀ〕〔kɔ̃ʒelatœʀ〕
- 蓋上保鮮膜靜置 Filmer et laisser reposer〔filme e lese ʀ(ə)poze〕
- 預熱烤箱 Préchauffer le four〔pʀeʃofe lə fuʀ〕
- 烤盤鋪上烘焙紙 Poser le papier de cuisson sur la plaque pâtisserie〔poze lə papje də kɥisɔ̃ syʀ la plak patisʀi〕
- 倒入烤模裡 Verser dans un moule〔vɛʀse dɑ̃ œ̃ mul〕
- 裝入裝有擠花嘴的擠花袋中 Mettre dans d'une poche munie d'une douille〔mɛtʀ dɑ̃ d'yn poʃ myni d'yn duj〕
- 將麵糊（鮮奶油）擠成型 Dresser la pâte（crème）〔dʀese la pɑt〕〔kʀɛm〕
- 刷上蛋黃 Dorer au pinceau avec du jaune d'œuf〔dɔʀe o pɛ̃so avɛk dy ʒon d'œf〕
- 放入烤箱烤 45 分 Mettre au four 45 minutes〔mɛtʀ o fuʀ kaʀɑ̃t sɛ̃k minyt〕
- 移出烤箱 Sortir du four〔sɔʀtiʀ dy fuʀ〕
- 靜放冷卻 Laisser refroidir〔lese ʀ(ə)fʀwadiʀ〕
- 脫模 Démouler〔demule〕

註：ɔ̃、ɑ̃、ɛ̃ 等發帶 n 的鼻音。以上法語音標參照 2012 年最新版法語辭典 Le Petit Robert。

1-4 糕點製作小辭典，附法語和音標

A-B

- **擀薄的麵團** Abaisse〔abɛs〕
  麵團放在工作檯上沾撒麵粉，用擀麵棍擀成需要大小、形狀、厚度。

- **擀麵** Abaisser〔abese〕／ Étaler〔etale〕
  用擀麵棍將派皮、塔皮、麵團擀開展延壓平。

- **加香料增香味** Aromatiser〔aʀɔmatize〕
  在糕點中混入液態狀香精、咖啡、巧克力或酒類等，增添風味香氣。

- **隔水加熱** Bain-marie〔bɛ̃maʀi〕
  隔水加熱塊狀巧克力或固狀奶油、吉利丁粉（片）等，使材料在低溫下融化。

- **打發／攪拌** Battre〔batʀ〕／ Fouetter〔fwete〕
  蛋白、蛋黃或蛋糕等材料，用打蛋器或攪拌機打發成發泡狀或糕點製作狀態。

- **塗上奶油、油脂** Beurrer〔bœʀe〕／ Graisser〔gʀese〕／ Huiler〔ɥile〕
  用蛋糕刷為糕點器具塗上一層奶油、油脂，或在烘烤中或烘烤後為糕點塗上一層奶油、油脂，使糕點較易脫模或上色上光。

- **使變白** Blanchir〔blɑ̃ʃiʀ〕
  用打蛋器攪拌蛋白或蛋黃，並加入細砂糖打發至發泡變白成慕斯狀。

C

- **焦糖化** Caraméliser〔kaʀamelize〕
  砂糖以文火煮成焦化糖水，鋪底或澆淋在糕點、米布丁、水果、泡芙上，裹上一層焦糖，或在烤模底部鋪上一層砂糖，再放入糕點材料烘烤成焦糖狀。

- **刻裝飾線／劃線** Chiqueter〔ʃiktɛʀ〕／ Rayer〔ʀeje〕
  在餡餅或塔皮派皮上用叉子劃線或畫上花紋，或在派皮封口處或派皮上方輕點輕劃成小洞或小橫條紋，使烘烤膨脹後不易迸開，保持糕點完整外觀。

- **鋪底** Chemiser〔ʃ(ə)mize〕
  烘烤前或製作過程中倒入糕點內餡前，鋪上烘焙紙或保鮮膜，再鋪上塔皮、生麵糊或糕點內餡，使烘烤後糕點較容易脫模。

- **淨化，使清晰** Clarifier〔klaʀifje〕
  有三種含義：一是將糕點製作材料等過篩，使其更乾淨清晰；二是分開蛋白與蛋黃；三是撈掉煮沸後牛奶上那層結乳浮油。

- **載入／安置** Coucher〔kuʃe〕／ Dresser〔dʀese〕
  泡芙或糕點材料裝入裝有擠花嘴的擠花袋中，再擠放安置在烤盤上。

- **烤白** Cuire à blanc〔kɥiʀ a blɑ̃〕
  塔皮派皮或披薩麵皮等送入烤箱烘烤至半熟，移出烤箱後，再加入內餡繼續烘烤。

D

- **過濾雜質後倒出液體** Décanter〔dekɑ̃te〕
  浸泡過香料或花草茶葉的液態材料靜置沉澱，再過濾除去沉澱物，倒出需要液體。

- **摻水煮稀** Décuire〔dekɥiʀ〕
  烹煮焦糖漿或果醬時最後階段，適度一點一點加入少許水分，降低烹調溫度，使糖漿稀釋不凝結成塊，果醬變得較柔軟。

- **脫模** Démouler〔demule〕
  糕點烘烤完成移出烤模。

- **去籽** Dénoyauter〔denwajote〕
  將帶籽水果去籽。

- **切開，剪開，印模** Détailler〔detaje〕
  利用刀子或糕點花型模具，在塔皮、派皮或麵皮上打印，或切成想要的形狀。

- **鬆弛** Détendre〔detɑ̃dʀ〕
  糕點材料和麵團中加入液態配方，如蛋汁、牛奶等使麵團變軟，或揉好的麵團靜置鬆弛。

- **刷上蛋汁或糖水上色** Dorer〔dɔʀe〕
  烘烤前或烘烤後，用蛋糕刷為糕點塗刷上蛋黃汁成金黃色，或烘烤後為糕點麵包刷上糖水使其變得閃亮。

E

- **撈去浮渣、浮沫** Écumer〔ekyme〕
  烹煮果醬、糖水或湯汁時，以湯匙或湯勺舀掉浮渣泡沫。

- **使變得細長** Effiler〔efile〕
  用刀將杏仁或糖漬水果等切成細尖長條狀。

- **瀝乾** Égoutter〔egute〕
  以網篩或濾勺瀝乾製作材料的多餘水分。

- **剁碎** Émincer〔emɛ̃se〕
  糕點製作材料切片後再切成細碎丁。

- **清篩，去皮** Émonder〔emɔ̃de〕
  杏仁、榛果、栗子等乾果類，經烘烤、水煮後或冷卻前，清除其薄皮。

- 裹上糖衣 Enrober〔ɑ̃ʀɔbe〕
  在製作好的糕點上，覆蓋上一層巧克力或糖衣，或是在糕點上澆淋糖水。
- 挖出，掏空 Évider〔evide〕
  用去核刀掏出水果的果核。
- 榨出，擠出 Exprimer〔ɛkspʀime〕
  利用榨汁機或榨汁器榨擠出果汁。

F

- 塑形 Façonner〔fasɔne〕
  將塔皮、派皮和麵皮塑造成需要的形狀。
- 撒上麵粉 Fariner〔faʀine〕
  在烤模或麵團上撒上麵粉，使其不易沾黏。
- 過濾 Filtrer〔filtʀe〕
  將糖水或英式奶黃醬過篩去掉多餘雜質。
- 點火燃燒 Flamber〔flɑ̃be〕
  在熱糕點或料理上澆淋上酒類，並點火引燃去掉酒味。
- 墊底 Foncer〔fɔ̃se〕
  在烤模裡放上一張派皮、塔皮或麵皮，鋪墊好裁剪成烤模的形狀大小。
- 融化 Fondre〔fɔ̃dʀ〕
  塊狀巧克力或固狀奶油隔水加熱或微波爐加熱融化。
- 噴泉池狀 Fontaine〔fɔ̃tɛn〕
  在粉類材料中間挖出池狀，再加入液態材料配方混合。
- 裝入，填入 Fourrer〔fuʀe〕
  擠花袋中裝入糕點材料或餡料，再擠出裝飾糕點的外型。
- 揉麵團 Fraiser〔fʀeze〕
  麵粉加入液態配方混合後，用手揉成柔軟光滑麵團。
- 攪打混合，攪拌 Frapper〔fʀape〕
  用打蛋器或攪拌棒將英式奶黃醬或液態材料、水果醬汁等，快速攪拌冷卻。
- 滾沸 Frémir〔fʀemiʀ〕
  將糕點液態配方材料煮至滾沸。
- 油炸，油煎 Frire〔fʀiʀ〕
  油煎或油炸糕點材料至成熟上色。

G

- 淋面／淋漿 Glacer〔glase〕／Glaçage〔glasaʒ〕
  糕點烘烤前或烘烤後，在上方撒上細砂糖或糖水，使糕點在烘烤時覆上一層焦糖色或變亮，或在製作好冷藏的糕點上方淋上一層果膠、巧克力、糖霜。
- 褐化，變褐 Gratiner〔gʀatine〕
  糕點經煎製或烘烤呈金黃色或褐色。

- 烤焙，烘烤 Griller〔gʀije〕
  榛果或乾果類放在烤盤上烘烤成熟上色。

H-I

- 切細，剁碎 Hacher〔'aʃe〕
  堅果類或蔬菜、果皮等用刀子剁切成細碎丁。
- 浸泡，澆淋 Imbiber〔ɛ̃bibe〕／Puncher〔pɔ̃ʃe〕／Siroper〔siʀɔpeʀ〕
  法式戚風蛋糕、手指餅乾或巴巴蘭姆酒蛋糕等，製作時稍微沾濕或浸透、澆淋含有酒香糖水或果香糖水。
- 切開 Inciser〔ɛ̃size〕
  用刀子切開糕點或水果，使其容易切片或削皮。
- 拌合 Incorporer〔ɛ̃kɔʀpɔʀe〕
  製作糕點時混入麵粉或奶油，並攪拌混合均勻。
- 泡製 Infuser〔ɛ̃fyze〕
  倒入熱water或其他液體配方至芳香材料中，使其泡製出味，散發芳香味道。

L

- 酵母，酵頭 Levain〔ləvɛ̃〕
  麵粉和水加入酵母後發酵膨脹至兩倍大，或混入麵粉成為酵頭。
- 發酵 Lever〔l(ə)ve〕
  麵團加入酵母後發酵膨脹。
- 黏結，變黏稠 Lier〔lje〕
  液狀材料中加入麵粉、蛋黃、液態鮮奶油或其他糕點配方，攪拌變黏稠。
- 使有光澤，使光亮 Lustrer〔lystʀe〕
  在剛出爐的糕點上刷上奶油或糖水，或在冷藏後的糕點上刷上一層果膠或亮面果膠。

M-N

- 浸漬，泡 Macérer〔maseʀe〕
  水果乾或新鮮水果浸泡在酒類、糖水、茶、紅酒中，使其入味泡軟。
- 揉軟，拌合 Malaxer〔malakse〕
  用手將糕點材料或麵團，揉至光亮柔軟。
- 覆蓋 Masquer〔maske〕
  糕點上覆蓋上一層光滑表面，如果醬、奶油類、杏仁糖面等。
- 覆上一層蛋白糖霜 Meringuer〔məʀɛ̃ge〕
  糕點上覆上一層蛋白糖霜，或蛋白加入細砂糖打發泡。
- 去薄核 Monder〔mɔ̃de〕
  水果或乾果類浸泡在熱水中幾分鐘，用刀尖去除乾果或水果上薄核薄皮。

- 打發 Monter〔mɔ̃te〕
  蛋白、液態鮮奶油或奶油，以打蛋器或電動攪拌器，急速攪拌混入空氣，使蛋白等材料急速打發。
- 潤濕，攪水 Mouiller〔muje〕
  加入少許水分、牛奶、液體材料配方至糕點製作材料中，使變得濕潤。
- 入模成型 Mouler〔mule〕
  製作好流質或膏狀糕點材料裝入模具中，烘烤、冷藏或冰凍定形。
- 刷上，澆淋 Nappage〔napaʒ〕／Napper〔nape〕
  以各種果泥醬汁混合明膠粉製成水果鏡面膠，塗抹或刷在水果塔等糕點上，使變得明亮有光澤。或在糕點或冰淇淋上澆淋上一層糖水、水果淋醬或奶油醬汁、液態巧克力。

P

- 混合 Panacher〔panaʃe〕
  兩種或多種配方混合成不同顏色、味道或形狀。
- 加香精、香料添香氣 Parfumer〔paʀfyme〕
  糕點材料中混入天然香料、香精或酒類等，增加香氣風味。
- 過濾，過篩 Passer〔pase〕
  液態醬料、水果泥、糖水、液態明膠果汁等，以三角濾網或網篩過濾去除雜質，使變得細緻滑順。
- 麵塊，麵團 Pâton〔patɔ̃〕
  圓形塔皮、派皮或麵包麵團，在烘烤前秤重、擀摺或整形。
- 揉捏，和麵，塑型 Pétrir〔petʀiʀ〕
  用手或電動攪拌機混合多種糕點材料，成為光滑濕軟的麵團。
- 搗碎，研磨 Piler〔pile〕
  杏仁、榛果等乾果，搗碎、研磨成粉狀或呈顆粒狀。
- 刺，扎，戳 Piquer〔pike〕
  以刀尖或叉子在派皮、塔皮和麵皮上均勻叉洞，使烘烤時不易澎起而影響外觀。
- 水煮 Pocher〔poʃe〕
  新鮮水果放在水或糖水中烹煮，使變軟或入味。
- 發酵膨脹 Pointer〔pwɛ̃te〕
  製作好發酵麵團後靜置，使發酵膨脹至兩倍大。
- 軟膏狀 Pommade〔pɔmad〕
  奶油在室溫中放軟，或用打蛋器或電動攪拌器攪拌至軟膏狀。
- 發酵 Pousser〔puse〕
  麵團或糕點製作中加入酵母或蛋糕發粉，使烘烤前或烘烤後的麵團糕點經發酵後膨脹。

R

- 使結實堅硬 Raffermir〔ʀafɛʀmiʀ〕
  麵團、塔皮或內餡放入冰箱冷藏，使變得堅硬結實。
- 冷藏，放涼 Rafraîchir〔ʀafʀeʃiʀ〕
  糕點、淋醬汁或水果丁放入冰箱冷藏冰涼。
- 濃縮精減 Réduire〔ʀedɥiʀ〕
  糕點液態材料經熬煮沸騰蒸發過程，濃縮精減，增加糕點液態材料濃稠度，並提高風味。
- 標記 Repère〔ʀ(e)pɛʀ〕
  在糕點上做記號，方便裝飾或組裝，或麵團塗上蛋汁裝飾，黏貼在塔皮或派皮上方或邊緣。
- 保留備用 Réserver〔ʀezɛʀve〕
  將加熱後或放涼糕點材料，或混合好配方蓋上保鮮膜或鋁箔紙、乾淨布巾放置備用。
- 交叉裝飾 Rioler〔ʀiɔle〕
  利用派皮或塔皮切成細長條後，在蘋果塔、各式果醬甜塔、檸檬塔上方，擺放成交叉狀的裝飾去烘烤。
- 整麵團，掰麵團 Rompre〔ʀɔ̃pʀ〕
  麵團膨脹發酵後瞬間停止發酵，擠出空氣並整疊揉合。
- 帶子 Ruban〔ʀybɑ̃〕
  蛋黃和細砂糖隔水加熱打發，或在常溫中攪拌呈如緞帶般光滑均勻。

S-T

- 鋪沙 Sabler〔sable〕
  有兩種意思：一是奶油和麵粉、糖混合做成鹹、甜塔皮；二是細砂糖煮滾後，用木勺不斷攪拌呈顆粒狀。
- 劃條紋 Strier〔stʀije〕
  用刀子或叉子在糕點上劃上刀痕或條紋。
- 過篩 Tamiser〔tamize〕
  麵粉、糖粉、蛋糕發粉等粉類，用篩網過篩去除雜質結塊。
- 擀摺 Tourer〔tuʀe〕
  麵皮經過擀麵棍擀平後，再經摺疊重複擀摺幾次，成為有層次的麵皮或派皮。

V-Z

- 再拌勻 Vanner〔vane〕
  奶黃醬等糕點料理醬料翻動後放涼冷卻表層，形成乾燥老皮狀醬料。
- 磨刮果皮 Zester〔zɛste〕
  用刨絲器將果皮刨絲或磨成綿密泥狀，做為糕點顏色裝飾或提味。

註：ɔ̃、ɑ̃、ɛ̃ 等發帶 n 的鼻音。以上法語音標參照 2012 年最新版法語辭典 Le Petit Robert。

1-5　法國乳酪小常識

乳酪（Fromage）又稱為起司、乾酪、奶酪，是牛羊奶加工製成的乳製品，也是法國的國民美食，餐餐必吃。法國目前生產超過 500 種乳酪，分為三大類：牛奶乳酪（Fromage au lait de vache）、山羊奶乳酪（Fromage au lait de chèvre）、綿羊或白羊奶乳酪（Fromages au lait de brebis）。根據質地和軟硬不同，又細分成八大類乳酪。

　　法國人食用乳酪，除了製作糕點外，也佐紅白酒單吃，或者搭配新鮮沙拉和新鮮紅白葡萄一起食用。本書就有許多糕點配方以法國乳酪來製作，如乳酪蛋糕、橄欖煙燻乳酪鹹蛋糕、三色麵包棒佐卡蒙貝爾熱乳酪、蔥香藍黴乳酪一口酥、雙乳酪鹹泡芙、乳酪舒芙蕾等。以下介紹這八大類乳酪，幫助你更深入了解法國乳酪的基本分類、基礎概念，以及搭配食用方式。

- 第 1 類：新鮮乳酪（Fromage frais）
  未經過乾燥和存放的發酵過程，因此保存期限也較短，如新鮮白乳酪（Fromage blanc）、小瑞士乳酪（Petit suisse）、新鮮羊乳酪（Chèvre frais）等。書中的法國乳酪蛋糕就是以新鮮白乳酪加糖製作，單吃可搭配淡味紅酒或玫瑰紅酒等。

- 第 2 類：柔軟黴花乳酪（Fromage pâte molle et croute fleurie）
  多以牛奶和山羊奶提製成外皮微硬、內質柔軟的乳酪，一般置於紙盒或木盒內販售，如卡蒙貝爾乳酪（Camembert）、布里乾酪（Brie）、Coulommiers、Chaource 等。書中的三色麵包棒佐卡蒙貝爾熱乳酪就是以卡蒙貝爾乳酪烘烤後，以麵包棒佐烤熱融化卡蒙貝爾，單吃可搭配啤酒、不列塔尼蘋果氣泡淡酒、一般紅酒或澀味白酒等。

- 第 3 類：柔軟漂洗乳酪（Fromage pâte molle et croute lavée）
  與第 2 類乳酪有點類似，不同的是，在製作中切割和濾水過程較為快速，並添加鹽或酒，如 Pont l'Evêque、Epoisses、Livarot 等。味道較濃厚，單吃可搭配味道較濃的紅酒或白酒。

- 第 4 類：藍黴乳酪（Fromage à pâte persillée）

    多以牛奶或綿羊、白羊奶提製，再放置山洞或地窖發酵成為味道特殊的藍黴乳酪，如侯格堡乾酪（Roquefort）、藍黴乾酪（Fromage bleu）、Fourme d'Ambert 等。書中的蔥香藍黴乳酪一口酥就是用侯格堡乾酪製作，單吃則可搭配一般紅酒或白酒。

- 第 5 類：未濃縮乾乳酪（Fromage à pâte pressée non cuite）

    味道較淡，適合初嘗乳酪的入門者，接受度較高，如康塔爾乾酪（Cantal）、聖納克泰乾酪（Saint-Nectaire）、Reblochon 等。單吃可搭配味道較澀的白酒或法國當地出產的紅酒。

- 第 6 類：濃縮乾乳酪（Fromage à pâte pressée cuite）

    與第 5 類乳酪類似，差別只在於經過濃縮這道製作手續，也適合初嘗者食用，如艾蒙塔乳酪（Emmental）、格呂耶爾乳酪（Gruyère）、貢德乳酪（Comté）、Beaufort 等。製作鹹塔或鹹蛋糕時，經常使用這類乳酪，如書中的橄欖燻肉乳酪鹹蛋糕、馬鈴薯肉餡餅、韭蔥乳酪鹹派等，單吃可搭配法國東北侏羅省產的 Jura 白酒或 Arbois 紅白酒等。

- 第 7 類：羊奶乳酪（Fromage au lait de chèvre）

    柔軟加味的香料羊乳酪，有新鮮半乾羊乳酪、乾燥羊乳酪和新鮮羊乳酪，如 Sainte Maure de Touraine、Valençay、Picodon、新鮮羊乳酪（Chèvre frais）等。書中的羊乳酪蘆筍塔就是用新鮮羊乳酪製作，單吃可搭配味道較重的紅酒或帶澀白酒，或搭配塗抹在包裹著葡萄乾或核桃的法國全麥圓麵包，最為適合。

- 第 8 類：融化乳酪（Fromage fondu）

    加熱後融化成液狀，是常用於法國乳酪鍋的配方乳酪，或做成各種開胃小點的加味乳酪，或塗抹在麵包、鹹餅乾上的抹醬乳酪，如開胃小點乳酪（Fromage apéritif）、核桃或胡椒口味融化乳酪（Fromage fondu aux noix〔au poivre〕）、抹醬乳酪（Fromage à tartiner）等。單吃可搭配味道較淡的紅白酒或粉紅葡萄酒、啤酒等。

Part 2

新手一定要知道的
注意事項

不論新手或達人，

製作糕點前詳讀製作須知和注意事項，並注意每道甜點的小叮嚀和小撇步，

製作起來就能更加得心應手，提高成功的機率。

新手製作須知

1 製作糕點前須詳讀材料配方、製作方法和步驟,可避免過程中的失敗率。

2 製作前先準備好材料配方,一一過秤分配好,才不會在過程中手忙腳亂。

3 製作前先準備好所需的烘焙器具,製作起來才會比較順手。

4 糕點的材料和配方多一分少一分皆不可,必須講求精準。

5 製作糕點的麵粉種類分為:低筋麵粉、中筋麵粉、高筋麵粉。低筋麵粉一般用於餅乾和蛋糕製作上;中筋麵粉適用於饅頭、包子和麵食類等中式糕點;高筋麵粉則使用於土司或麵包的製作。

6 糕點製作一般以低筋麵粉(Type45)為主,有些配方則需要用到高筋麵粉(Type55)。法國並沒有販賣中筋麵粉,若需用到中筋麵粉,只要將低筋和高筋麵粉以同等比例混合即成。

7 製作糕點時使用的雞蛋以中型蛋為佳,一顆約重 60 公克。

8 製作前須將所有粉末類材料,事先用網篩篩去多餘雜質。

9 糕點材料中的香草糖粉是由細砂糖、香草粉和其他香料混合而成,可用 1 茶匙香草粉混合 1 茶匙黃砂糖,或以 1 湯匙液態香草精(糖漿)代替。

10 製作前液態鮮奶油必須放置冷藏冰涼後,再打發成發泡鮮奶油。

11 固體奶油可在製作前半個小時拿出冷藏靜置放軟,使其較容易攪拌混合與製作。

12 烘烤前,若使用到糕點模具,應先在模具上塗上一層薄奶油,烘烤後才較易脫模。如果模具已鋪上烘焙紙,則不需再塗奶油。

13 烘烤時,除非有另外註明烤盤的層面,一般都將烤盤置於烤箱中間那一層烘烤。

14 糕點直接放在烤盤上烘烤時,須先鋪上一張烘焙紙,再放上要烘烤的糕點,這樣烤盤烘烤後較不易沾黏,也較容易清理。

15 製作糕點的同時,必須依照書中食譜所註明的烘烤溫度,提前預熱十分鐘,好讓製作好待烘烤的糕點可以立刻放入烤箱烘烤。

16 烘烤完成移出烤盤時,記得要戴上隔熱手套,以免燙傷。

2-2 新手注意事項

1. 法式戚風蛋糕移出烤箱後將烤模倒扣放涼，再行脫模。脫模時先用刀子沿著烤具與蛋糕邊緣劃一圈，再將刀子插入蛋糕底部的中間以順時針方向輕轉一圈便可脫模。

2. 其他糕點則請依照製作程序的指示，馬上倒扣脫模或放涼後再脫模。

3. 法式戚風蛋糕可在室溫下保存三天，若想保存更久，可將蛋糕用密封塑膠袋包好後放入冷凍，約可保存兩星期，食用前一天再拿出退凍即可。

4. 打發蛋白前滴入幾滴濃縮檸檬汁或白醋再行打發，可消除蛋白的腥味。

5. 打發蛋白發泡時，先打至軟性發泡後再加入細砂糖比較不容易消泡，再繼續打發至想要的發泡程度或硬性發泡。

6. 打發發泡鮮奶油時，在另一只大缽裡放入冰塊隔冰打發，或加入鮮奶油發泡粉，可縮短打發的時間，也較容易打發發泡鮮奶油。

7. 融化無鹽奶油時，可利用微波爐加熱一分鐘使其軟化或融化，也可使用隔水加熱的方式將固狀奶油融化成液狀。

8. 隔水加熱融化固體奶油或塊狀巧克力時，請準備一大一小的深鍋。在大型深鍋中裝入過半的水，再放上另一只小型深鍋，將材料切成或分成小塊狀放入小鍋，以中火煮沸大型深鍋裡的水，一邊將固體奶油或塊狀巧克力用打蛋器或木棒攪拌融化成液狀，即可製作糕點。

9　固狀無鹽、半鹽奶油放在室溫軟化後，想知道到底是否夠軟，可用手指頭戳入奶油中測試，若輕易就戳入表示已經軟化完成。

10　煮焦糖漿時，若怕焦糖太快硬化，加入幾滴白醋或濃縮檸檬汁就比較不易凝結變硬。

11　將奶油餡或發泡鮮奶油等材料放入擠花袋時，旁邊可擺放一個小型圓筒量杯，並將擠花袋放入圓筒量杯中翻開，再將餡料裝入擠花袋裡。

12　烤盤上或深鍋中若沾上焦糖洗不乾淨時，可用熱水浸泡一會，再用濕布來回擦洗，即可輕易清除烤盤上或深鍋裡的焦糖。

13　清洗布料製擠花袋時，可滴入幾滴白醋再加入洗碗精清洗，比較容易去除油脂好清洗。

14　請保持不急不徐的態度與愉悅的心情製作糕點，成功率較高。

15　手邊如果沒有計量器或量秤，可用簡易衡量糕點基本材料的方法，以歐美國家的湯匙和茶匙作為計量單位如下：

1 湯匙平匙油脂類	約 15g
1 湯匙平匙液態牛奶類	約 15g
1 湯匙平匙麵粉類	約 10g
1 湯匙尖匙麵粉類	約 25g
1 湯匙平匙可可粉	約 5g
1 咖啡匙平匙細砂糖	約 5g
1 咖啡匙平匙糖粉	約 5g
1 咖啡匙平匙食鹽	約 5g

Part 3

開始做糕點前，
先練好基本功

寫給初學者新手打好糕點製作基礎的入門功夫。

學習上本書《一學就會！法國經典甜點》未收錄的糕點製作基礎知識和操作方法，

基礎打好了就等於成功了一半，透過詳細的圖解步驟說明，

不論是初學者還是甜點達人，都可在糕點製作過程中得到極大助益。

3-1

可頌麵團

Pâte à croissant

份　　量：約565克
難 易 度：★★★

高筋麵粉加入新鮮酵母、糖、鹽、水混合製成發酵麵團，包裹住無鹽奶油，經過幾次擀摺和鬆弛後，成為有層次的可頌麵皮。學會製作這款奶油可頌派皮後，便可變換出幾十種不同外形的可頌麵包，如原味或鹹、甜可頌，或夾奶黃餡、葡萄乾、巧克力豆，或罐頭和新鮮水果等，早餐不再只有包子饅頭、油條豆漿、清粥小菜或蛋餅三明治了。快來實現在自家享用法國人早餐桌上，香酥可口有質感的各式風味可頌麵包吧！

材料

* 250g高筋麵粉　* 5g食鹽　* 25g細砂糖
* 20g新鮮酵母　* 140g水　* 100g無鹽奶油

作法

1　鋼鍋中放入新鮮酵母、水、食鹽、細砂糖。
2　用手混合均勻。
3　麵粉過篩到鋼鍋裡。
4　電動打蛋器換成攪拌麵團用的螺旋狀攪拌工具。

5 攪拌至麵團平滑，約7分鐘。

6 麵團整成圓形。

7 蓋上保鮮膜或乾布，靜置室溫1.5～2小時。

8 待麵團發至兩倍大。

   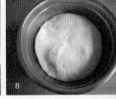

9 擠壓出麵團氣泡，再輕揉麵團整成圓形。

10 再蓋上保鮮膜或乾淨布巾放置冰箱冷藏1小時。

11 工作檯和麵團撒上少許麵粉。

12 用擀麵棍將麵團擀成長30公分×寬20公分的長方形。

  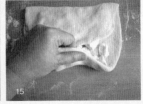

13 無鹽奶油分成小塊狀，均勻平鋪在擀好的麵皮下方三分之二部分。

14 上方未放奶油的麵皮蓋到中央。

15 再蓋上下方鋪上奶油的麵皮。

16 成為橫長條形。

17 麵皮轉正,開口在左手邊。

18 撒上少許麵粉。

19 麵皮擀成長50公分×寬20公分長條形。

20 由上往下摺。

21 由下往上摺。

22 翻轉麵皮,開口在左手邊。

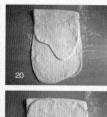

23 再將麵皮擀成長條狀。

24 由上往下摺。

25 由下往上摺。

26 麵皮用保鮮膜包住放入冰箱冷藏醒30分鐘。

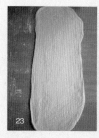

27 拿出麵皮，拿開保鮮膜，開口在左手邊，工作檯和
　　麵皮撒上少許麵粉，依同樣方式擀摺。

28 成長條形。

29 由上往下摺。

30 由下往上摺。

31 翻轉麵皮，開口在左手邊，即可製作可頌麵包。

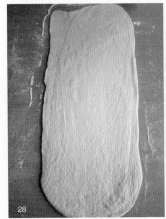

小叮嚀

1　台灣天氣較炎熱，麵團若未在發酵時間內發酵成兩倍大，即馬上進入擀摺步驟。

2　記住可頌派皮製作過程口訣為2+1，分兩次擀麵皮，第一次擀摺2次，第二次則擀摺1次，即
　　可再擀成想要的大小。

3　製作好的麵皮太軟或易破皮，可再放入冰箱冷藏醒20分鐘，再拿出撒上少許麵粉，擀成想要
　　的大小，做成不同造型和口味的可頌。

4　每次擀摺後翻轉麵皮，記得開口在左手邊，若搞錯邊，會影響派皮烘烤後的蓬鬆層次口感。

5　可將一次做好的可頌派皮做成不同造型和口味，放進冷凍庫冰凍成形，再放入密封保鮮袋保
　　存。食用前一晚放在鋪好烘焙紙的烤盤上放冷藏退凍醒麵，再塗上蛋黃汁，依照配方溫度烘
　　烤即可。

披薩麵團

Pâte à pizza

份　　量：約500克
難易度：★☆☆

高筋麵粉加入少許食鹽、糖、酵母、水和少許橄欖油，揉捏成表面光滑的麵團，蓋上乾布或保鮮膜，發酵膨脹成披薩麵團，可用於製作披薩皮、亞爾薩斯火焰塔、義大利香料麵包、麵包棒、烤餅等各式鹹甜點。配方中若捨去橄欖油，水換成牛奶，並增加15g細砂糖、5g食鹽、50g無鹽奶油，則成為製作牛奶土司麵包的麵團。可依製作需要，加入牛奶、雞蛋、奶油、蜂蜜、葡萄或乾果、麥片、黑麥麵粉等混合發酵，製作成麵包麵團。

材料

* 250g高筋麵粉　* 150g水　* 20g新鮮酵母
* 5g食鹽　* 10g細砂糖　* 2湯匙橄欖油

作法

1　大缽裡放入新鮮酵母、水、食鹽、細砂糖。
2　用手或木棒混合均勻。
3　加入過篩好的高筋麵粉。
4　加入橄欖油。

5　用手攪拌或電動打蛋器換成鉤形器具，攪拌混合均勻。

6　撒上少許麵粉，繼續揉合麵團。

7　揉至表面光滑不黏手，約7分鐘。

8　蓋上乾布或保鮮膜。

9　靜置室溫（24℃）1~2小時，待麵團膨脹至兩倍大。

10 即可分成需要大小，繼續製作其他配方。

小叮嚀

1　台灣的室溫比24℃高，麵團揉好放置約50分鐘～1小時即可。

2　使用乾燥麵包用酵母粉和水及其他材料混合，請在步驟2靜置10分鐘，
　　使酵母粉完全融入水中甦醒酵母。

3　發酵麵團放在溫暖通風處等待發酵。

3-3

油炸麵團
Pâte à beignet

份　　量：約600克
難易度：★ ☆ ☆

以蛋、糖、麵粉為基本材料，加入少許新鮮酵母或啤酒酵母混合，製成適合油炸的麵包麵團。製作好的麵團，整成圓球狀、長橢圓形、三角形、四方形、長扁條狀、甜甜圈狀等各種外形，放入熱油中油炸，再撒上糖粉或細砂糖。隨著外形變化也有不同名稱，利用此麵團做成菱形，就是嘉年華法式甜甜圈（bugne）；圓形中間包上蘋果泥、各式果醬、巧克力醬，就是法式中心無孔甜甜圈（beignet）；而單純滾成圓形炸成小酥脆麵團，則稱為酥脆球（croustillon）。

材料
• 300g低筋麵粉　• 2顆全蛋　• 50g無鹽奶油
• 60g細砂糖　• 10g新鮮酵母　• 50g牛奶
• 2湯匙蘭姆酒（或1湯匙刨成細絲的檸檬皮）

作法
1　全蛋放入碗中，用湯匙攪拌均勻。
2　無鹽奶油放入微波爐加熱1分鐘，使其稍微融化。
3　鋼鍋中放入牛奶。

4　加入糖。

5　加入新鮮酵母。

6　用手攪拌均勻。

7　麵粉篩入酵母牛奶中。

8　倒入蘭姆酒（或刨成細絲的檸檬皮）。

9　加入融化無鹽奶油。

10　倒入蛋汁。

11　用手攪拌均勻。

12　成光滑麵團後，蓋上保鮮膜或乾淨布巾。

13　放置溫暖通風處，使麵團發酵膨脹至兩倍大，即可用來製作糕點。

小叮嚀

1　若加入蘭姆酒，就不用再放檸檬絲，若加了檸檬絲，就不放蘭姆酒，以免味道交雜，
　　影響油炸麵團風味。

2　用乾酵母製作，在步驟5攪拌後靜置10分鐘，再加入其他材料繼續製作，使乾酵母完全
　　融入牛奶，麵團中才不會帶有沒融化的乾酵母顆粒。

3-4

布里歐什奶油麵包麵團
Pâte à brioche

份　　量：約550克
難 易 度：★ ★ ☆

用製作麵包的三大要素：麵粉、糖、酵母，加上全蛋、無鹽奶油和少許食鹽調味，
混合攪拌成柔軟略濕的奶油蛋麵團。麵團攪打至24℃～25℃為佳，用手觸摸麵團
微溫即表示溫度已到，較有利於麵團發酵與膨脹。蓋上乾淨乾布巾，放在通風室溫中發
酵。經過2小時初次發酵，擠壓掉空氣，整形成想要的大小和形狀，切割，包餡，放置烤
模中或置於鋪好烘焙紙的烤盤，塗上蛋汁，再次發酵至雙倍大，烘烤出不同風味的布里
歐什奶油麵包。

　　麵團因混合著蛋和奶油，口感上較軟。可製作純法式口味圓球布里歐什，或麵團放在
鋪好烘焙紙或塗好奶油的長形蛋糕模，二次發酵後，塗上蛋汁，麵團上用銳利剪刀均勻
剪上幾個V字型，就是長條狀原味布里歐什，或包入香草奶黃餡、巧克力豆等各種包餡
而成奶黃餡布里歐什。也可包裹辣腸片、煙燻豬肉丁、番茄乾、切片橄欖等，製作成鹹
味布里歐什。請隨著心情和自家冰箱裡的材料，做出屬於自己口味和造型的布里歐什。
無添加料的天然布里歐什，不僅能滿足親友的味蕾，更能照顧健康。

材料
◆ 250g高筋麵粉　◆ 5g 食鹽　◆ 25g細砂糖
◆ 20g新鮮酵母　◆ 2顆全蛋　◆ 30g水
◆ 125g無鹽奶油

作法

1　全蛋放碗裡用湯匙攪拌均勻備用。

2　無鹽奶油放微波爐微波1.5分鐘融化備用。

3　鋼鍋裡放入水、細砂糖、食鹽、新鮮酵母，用手攪拌融化。

4　倒入過篩的高筋麵粉。

5　倒入攪拌好的全蛋汁。

6　電動打蛋器裝上麵包專用攪拌鉤，中速攪拌。

7　麵團攪拌至均勻，約7分鐘。

8　倒入半融化無鹽奶油。

9　繼續攪拌均勻，約7分鐘。

10 用蛋糕刮刀將鋼鍋邊緣沾黏的麵團撥至中央成圓形麵團。

11 蓋上乾淨布巾或保鮮膜，放置溫暖通風處發酵2小時。

12 待麵團膨脹至2倍大。

13 在麵團上方與手上沾撒些麵粉，輕壓掉麵團多餘的空氣。

14 整成圓形，即可用於製作麵包糕點。

小叮嚀

1 若找不到新鮮酵母，可以乾燥酵母粉代替，但步驟3混合材料後，須放置10分鐘使乾燥酵母完全融解於水中，再加入麵粉或其他材料混合。以乾燥酵母粉製作麵團，酵母味較重，因此發酵麵團時，請延長發酵時間，讓麵團完全發酵，減少酵母味。

2 配方中，水的部分可改用牛奶代替，奶油麵包口感會軟一些。

3 夏天和冬天因溫差，麵團發酵膨脹時間請斟酌減短或延長。若麵團在預定時間已脹至兩倍大，即可進行下一步驟；反之則延長膨脹至需要大小。

4 可將麵團放入常溫烤箱中，旁邊放一碗熱水，關上烤箱門，熱水的熱氣和水氣可加速麵團發酵膨脹。（如右圖所示）

3-5

法式巧克力戚風蛋糕
Génoise au chocolat

份　　量：1個約9吋
難 易 度：★ ☆ ☆
烤箱溫度：180 ℃
烘烤時間：20~25分鐘

起源於18世紀，以蛋為主原料，經過打發後混入砂糖、麵粉、黑可可粉、蛋糕發粉。輕巧蓬鬆的法式巧克力戚風蛋糕的最大功用，是當各式鮮奶油蛋糕的主體蛋糕，如：黑森林蛋糕和巴斯克貝雷帽的主體蛋糕，或是慕斯蛋糕類的底層或中間夾層，口味多變，有原味、巧克力、咖啡、榛果、杏仁等。

　　法式戚風與台式戚風蛋糕的製作方法有些許不同，台式戚風蛋糕的作法是蛋白和蛋黃分開後，蛋白未打發之前分三次加入砂糖一起攪打發泡；蛋黃裡加了糖、少許沙拉油、少許柳橙汁和泡打粉一起混合後，再和打發蛋白一起混合。這樣的作法對新手來說，在混合麵糊時若一不小心就很容易失敗！因為麵糊裡的油和水分較多，容易影響蛋糕的膨脹度，一旦不小心把蛋白攪拌過度致使消泡後，很容易烤出表面蓬鬆內部卻黏在一起的蛋糕。因此法式戚風蛋糕對新手來說，只要照著程序製作，就算蛋白消泡了，還是能烤出蓬鬆的戚風蛋糕。

材料
• 110g低筋麵粉　• 125g 細砂糖　• 15g黑可可粉
• 3g 泡打粉／蛋糕發粉
　（levure chimique／baking powder）
• 4顆全蛋　• 少許無鹽奶油（塗烤模用）

作法

1　烤箱用180℃的火溫預熱10分鐘。

2　烤模均勻塗上無鹽奶油。

3　備用。

4　低筋麵粉、黑可可粉、泡打粉放入大碗中。

5　過篩至鋼鍋,再倒回大碗中備用。

6　蛋黃和蛋白分開。

7　蛋黃用茶匙攪拌均勻備用。

8　蛋白用電動打蛋器以中速攪拌至軟性發泡。

9　加入細砂糖繼續攪拌。

10　攪拌至糖完全融化。

11　打發至硬性發泡。

12　加入混好的蛋黃汁。

13　用蛋糕刮刀輕輕慢慢地由上往下,以順時針
　　方向混合均勻。

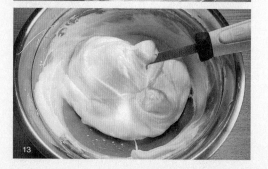

14 倒入混合好的粉類。

15 再以蛋糕刮刀輕輕慢慢地由上往下，以順時針方向混合均勻。

16 刮入塗好無鹽奶油的烤模。

17 抹平蛋糕表面。

18 放置烤盤上方，放入以180℃預熱好10分鐘的烤箱烘烤20～25分鐘。

19 移出烤箱，倒扣在涼架或厚紙板上放涼。

20 脫模，即可食用或用於製作其他糕點。

小叮嚀

1 烤模塗上無鹽奶油後，可撒上少許麵粉或在烤模底部鋪上一張圓形烘焙紙，再填入蛋糕麵糊。

2 蛋白混合蛋黃和粉類時，請輕輕慢慢小心混合拌勻，勿使蛋白消泡，否則會影響蛋糕蓬鬆度。

3 蛋糕烤好待完全放涼後再脫模。可先在蛋糕與蛋糕模間先以小刀劃開再脫模。

※如何分辨發泡蛋白的軟性與硬性發泡

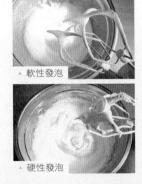

軟性發泡：蛋白未加入細砂糖前用電動攪拌器以中速攪拌打發
蛋白呈有型狀，用打蛋器的攪拌棒挖一些蛋白倒
放，蛋白的尖端呈彎曲狀態。

▲ 軟性發泡

硬性發泡：蛋白打發至軟性發泡後加入細砂糖，用電動攪拌器
以高速攪拌打發蛋白呈有型狀，用打蛋器的攪拌棒
挖一些蛋白倒放，蛋白的尖端呈刺蝟狀挺直。

▲ 硬性發泡

3-6

馬卡龍奶油內餡
Ganache au beurre

份　　量：225克
難易度：★★☆

馬卡龍（杏仁蛋白餅）不僅可變換口味顏色，夾心內餡也能變換。除了以黑、白巧克力、液態鮮奶油調製成夾心內餡，也可將全蛋混入檸檬汁、糖、無鹽奶油等製作成奶油餡，或者加入各種口味果醬、糖漬檸檬皮、柳橙皮或各種口味香精、堅果碎、粉等混製而成。混煮好的稀稠奶油放至稍硬，裝入擠花袋，擠在馬卡龍蛋白圓餅上，或用茶匙均勻抹在圓餅上。馬卡龍夾好奶油內餡可放入冰箱冷藏，食用前再拿出。馬卡龍外脆內軟的口感，奶油餡入口即化，別有一番滋味。

材料

〔奶油餡主材料〕
* 1顆全蛋
* 1顆檸檬
* 30g細砂糖
* 100g無鹽奶油
* 15g玉米粉

〔奶油餡配料〕
* 1片糖漬檸檬皮
* 1片糖漬柳橙皮
* 35g覆盆子果醬

作法
1　檸檬洗淨切對半，擠成汁。
2　放碗中備用。

3　糖漬檸檬皮和柳橙皮切細丁備用。

4　無鹽奶油切成小塊備用。

5　鋼鍋裡放入全蛋、細砂糖、玉米粉，倒入檸檬汁。

6　用打蛋器攪拌均勻。

7　平底鍋放入少許水，再放上鋼鍋，以中火隔水加熱，一邊用打蛋器攪拌均勻。

8　至濃稠收汁。

9　加入切塊無鹽奶油。

10　攪拌至奶油融化。

11 分裝在三個碗理。

12 分別在不同碗中放入檸檬細丁、柳橙細丁、覆盆子果醬。

13 各用茶匙攪拌均勻。

14 靜置1小時或放入冰箱冷藏20分鐘，使奶油稍微變硬。

15 裝入裝有擠花嘴的擠花袋，擠在蛋白圓餅上，或用茶匙均勻
塗在蛋白圓餅上，蓋上另一片蛋白圓餅，放冰箱冷藏。

16 食用前裝盤享用。

小叮嚀

1 上述作法教讀者製作三種不同奶油夾餡配方。也可製作單一口味，只要將糖漬檸檬皮、柳橙皮
改為3片，若單以覆盆子果醬製作則為110g，主材料中的細砂糖則省略，否則內餡會過甜。也可
在純奶油內餡中加入幾滴水果風味的天然香精，混製成不同風味的內餡。

2 果醬水分較多，如果製作好的果醬奶油餡放置一段時間仍未變硬，可在鋼鍋裡放入40g無鹽奶油
攪打變軟化，再倒入果醬奶油餡一起攪拌均勻至變硬。

3 製作好的奶油內餡不夠甜，可加入少許糖粉調甜一些，蛋白圓餅本身即是甜的，勿加入太多糖
粉，以免過甜。

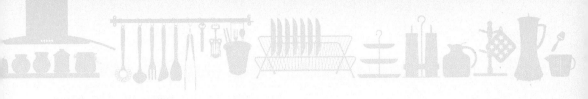

蘋果醬
Compote de pommes

份　　量：約700克
難易度：★☆☆

法 文Compote是指糖煮水果，也就是新鮮水果加糖煮熟後，作為甜點製作材料。除了蘋果，杏、桃、櫻桃、西洋梨等也都能製成果泥醬，運用在其他糕點上，如蘋果脫鞋麵包的內餡，或各式水果塔的鋪底內餡等。製作過程簡單，不需要太多技巧，就能輕鬆自製新鮮水果泥，很適合未長牙吃副食品的嬰幼兒，或牙口不好的年長者。水果泥搭配新鮮乳酪或原味優格一起混合，在早餐時吃，是法國人食用蘋果醬或其他水果醬的吃法。也可放在精緻透明的玻璃盅或杯子裡，以漸層的方式擺放，即是水果醬乳酪杯或水果優格杯，再裝飾幾片新鮮水果，就是目前法國正夯的水果泥擺盤吃法，verrine de compote。製作好的水果泥放在乾淨果醬瓶裡，放置冰箱冷藏可保存1～2星期，沒時間削水果來吃，可以吃水果泥替代，或配上原味優格奶酪。新鮮水果泥好吃又健康，無添加物的天然果泥吃起來還多一分安心。

材料
◆ 5顆蘋果　◆ 60g細砂糖　◆ 2包香草糖包
◆ 15g玉米粉　◆ 5g無鹽奶油

◆ 法國各地出產不同品種的新鮮蘋果。

作法

1 5顆蘋果去皮去心。

2 切成小丁。

3 放入深鍋。

4 加入2包香草糖包,約20g。

5 加入細砂糖、無鹽奶油。

6 加入玉米粉。

7 以中火邊煮邊攪拌。

8 煮滾後轉成小火繼續熬煮,隔幾分鐘就攪拌一下,以免焦底。

9 煮至蘋果熟透轉為透明色約25～30分鐘後離火。

10 以湯匙壓碎。

11 或用電動攪拌器攪碎。

12 成為泥狀。

13 即可用於製作其他糕點,或是放入果醬瓶,搭配原味優格或
新鮮奶油、乳酪等一起享用。

小叮嚀

1 給嬰幼兒吃的蘋果醬可不必加糖，以原味方式烹煮再搗碎成泥。

2 蘋果切得越細丁，熬煮時越容易熟透，減少烹煮時間。想知道是否煮熟透，可用湯匙壓一下，
   若綿碎即表示熟透。

3 製作時，不加入香草糖包配方也行。細砂糖可改用黃砂糖，色澤較深，味道更香。

4 步驟8時可蓋上鍋蓋熬煮，每隔幾分鐘就攪拌一下，以免焦底。

3-7 蘋果泥鮮乳酪杯

糖漬檸檬皮

Citron confit

份　　量：約12片
難易度：★☆☆

檬原產於東南亞，於15世紀時由阿拉伯人帶入義大利種植。也有傳說古羅馬時期
　　歐洲即有檸檬，只是歷史文獻上並無記載其來源。歐洲產的檸檬多為黃色，果皮
較粗，形狀為長橢圓形，果肉偏淺黃；亞洲產的檸檬則為綠色，皮滑，果實香氣較重。
檸檬含有豐富的維生素C和天然黃酮，可預防感冒，治療喉嚨痛，美白皮膚，還有利尿
效果。

　　法國人多用檸檬來調味菜餚，調製雞尾酒增加風味，食用生蠔和料理魚類海鮮時，滴
幾滴檸檬汁則有去腥殺菌之效。除了製作料理增加風味外，法國人也將檸檬製成果醬、
糖漬檸檬皮等來製作糕點。取有機無農藥檸檬皮和糖水熬煮幾分鐘，浸泡在糖漿裡，使
糖完全融入於果皮中。糖漬檸檬皮可當水果奶油蛋糕、糖漬水果蛋糕、國王皇冠麵包、
檸檬蛋糕，或加了切絲糖漬檸檬的馬德蓮小蛋糕等糕點的配料。除了檸檬，也可以柳橙
替代，做成糖漬柳橙皮。

材料
• 3顆有機檸檬　• 120g細砂糖　• 120g水

作法
1　有機檸檬洗淨切對半，擠汁後取檸檬皮備用。
2　深鍋裡放入水和細砂糖。

3　檸檬皮再切成對半。

4　用湯匙去掉檸檬果膜。

5　待全部檸檬都摘除果膜後，放入大碗裡。

6　檸檬皮倒入深鍋。

7　用木棒攪拌，使檸檬皮均勻浸泡到水，並以中火煮滾。

8　水滾後約煮7分鐘。

9　熬煮7分鐘後熄火。

10　靜置放涼。

11　倒入乾淨玻璃瓶中。

12　蓋上蓋子，鎖緊瓶蓋，倒放靜置一晚，即可用來製作其他糕點。

3.9

糖水西洋梨
Poires pochées au sirop

份　　量：4人份
難 易 度：★ ☆ ☆

新鮮結實硬朗的西洋梨，去皮放入糖水中和香草夾一起烹煮，成略帶香草味的糖煮水梨，是製作糕點的基本水果配方。超市大賣場販賣的罐裝糖水西洋梨，就是以此方法做成，但自製糖水西洋梨少了化學添加物，吃起來安心也健康。這道糖水西洋梨，可用於製作「6-6杏仁西洋梨塔」，也可加以裝飾，淋上巧克力醬或其他水果淋醬，撒上烘烤過的杏仁片，就是好吃又健康的法式經典糖煮水果甜點。

◆ 2012年法國麵包糕點展中，五顏六色引人垂涎，以糖水西洋梨製作的西洋梨甜塔。（圖片提供：Yi Shuan Chen）

材料
◆ 8顆小型西洋梨　◆ 250g細砂糖
◆ 1500g水　◆ 1根香草棒

作法
1　西洋梨用刮皮刀去皮。
2　對切後去掉梨心。
3　也可切掉尾端部分，整顆烹煮。

4　香草夾對切後備用。

5　深鍋裡倒入水，放入香草夾。

6　加入糖。

7　以中火煮沸，並將糖攪拌融化。

8　放入去掉梨心的西洋梨或切掉尾端的整顆西洋梨。

9　繼續煮30分鐘。

10　放涼後，即可用來製作糕點或冷藏冰涼後裝盤，淋上覆盆子醬汁享用。

小叮嚀

1　可將香草棒改為肉桂棒，做成肉桂風味的糖水西洋梨。

2　若想單吃糖水西洋梨，將煮好放涼的糖水西洋梨冰入冷藏1～2晚，待香草香味完全融入西洋梨中再吃，可佐上覆盆子淋醬搭配一球香草冰淇淋食用，風味更佳。

3　煮過的糖水可過篩，作為水果雞尾酒的調味糖水，或加入新鮮果汁中調味。

4　過篩後的糖水可冷凍起來，等下次煮糖水西洋梨時，前一晚放冷藏解凍成液狀，再二次利用製作。

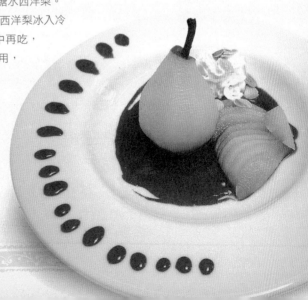

3-10

基本派皮
Pâte feuilletée

份　　量：4張
難易度：★★★

麵粉、鹽、無鹽奶油和水混合製成麵團，再包住軟化後塊狀的無鹽奶油，擀摺幾次後，將奶油麵團放置於冷藏庫醒麵半小時，冷藏後形成有層次感的千層麵團。製作過程雖然耗時，但可一次做好幾份，分切後用保鮮膜包好裝在密封袋裡存放在冷凍庫，可保存1～2個月，需要時前一天拿出退凍即可使用。

　台灣和法國都能輕易在西點店和食品專賣店或大型超市找到現成派皮，倘若工作忙碌沒時間或不想大費周章製作，可買現成的使用。自己製作的派皮與賣場賣的口感上還是有差別，尤其烘烤後外表呈現的千層質感更是買來的現成派皮無法比擬。讀者有空可花點時間自製這道基本派皮，一回生二回熟，就算新手也能做出好吃有質感的千層派皮。

材料
- 500g中筋麵粉　• 10 g食鹽　• 125g無鹽奶油
- 250g水　• 250g無鹽奶油

作法
1　食鹽、水、麵粉備好，125g無鹽奶油切成小塊備用。
2　另外250g無鹽奶油放室溫靜置軟化。
3　中筋麵粉加食鹽混合後，加入切成小塊的奶油混合。

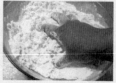

4　倒入全部的水。

5　用手拌勻混合，直到成為麵團。

6　用保鮮膜包好麵團，靜置冷藏讓麵團醒15分鐘。

7　麵團醒好後，在麵團中央用刀劃上十字，把麵團的四角扳開成十字型。

8　將軟化的250g無鹽奶油稍微壓扁一下。

9　放在擀成十字的麵團中間。

10　由上往下把麵皮蓋住奶油。由下往上把麵皮蓋住奶油。再由左往右把麵皮蓋住奶油。
　　最後由右往左把麵皮蓋住奶油（圖10-1～10-4）。

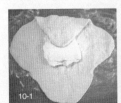

11 包好麵團後稍壓一下麵團，把麵團擀成長條狀。

12 成寬25cm、長70cm的長條狀。若會沾黏擀麵
棍，可撒上少許麵粉，盡量別把麵團擀破。

13 由上往下摺。

14 由下往上摺。

15 翻轉麵團開口在左手邊。

16 再將麵粉擀成長條狀。

17 由上往下摺。

18 由下往上摺。

19 把麵團用保鮮膜包住放入冰箱冷藏醒15~30分鐘。

20 拿出麵團，拿開保鮮膜，開口在左手邊，依同樣方式再擀摺一次。

21 成長條型。

22 由上往下摺。

23 由下往上摺。

24 再將麵團用保鮮膜包住放入冰箱
冷藏醒15~30分鐘。

25 拿出麵團再依步驟20～23同樣
的擀摺方式擀摺兩次後，將擀好
的麵團對摺。

26 分切成四等份。

27 每份用保鮮膜包起來。

28 放入密封保鮮袋冷凍，需要時提
前一晚拿出解凍，擀成需要的大
小形狀使用。

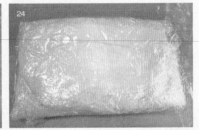

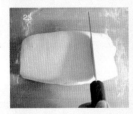

小叮嚀

1 記住派皮製作過程的口訣212，也就是說分三次擀麵皮的次數，這樣比較不會搞錯。

2 每次擀摺後翻轉麵團，開口記得是在左手邊，如果搞錯，多少會影響派皮經烘烤的
蓬鬆層次感。

基本鹹塔皮

Pâte brisée salée

份　　量：	約10吋塔模
難易'度：	★ ☆ ☆
烤箱溫度：	200 ℃
烘烤時間：	15分鐘

主要成分是以麵粉和奶油為主，分為鹹塔皮和甜塔皮兩種，特點是質地鬆脆順口。鹹塔皮用於鹹點，如韭蔥乳酪鹹派（也可用派皮）、羊乳酪蘆筍塔等。甜塔皮則用在亞爾薩斯黑李塔、杏仁西洋梨塔、焦糖巧克力塔等需要鹹、甜塔皮的糕點上。

使用圓型有底的塔模，一定要先烘烤15分鐘再加入其他餡料，再烘烤至完全熟透。若不先烘烤塔皮，造成內餡熟了塔皮卻還是生的或半熟，將影響成果和口感。這裡分別介紹鹹塔皮和甜塔皮的製作過程，只要照著順序操作，即可成功做出兩種不同的塔皮。

◆ 法國超市塔派皮專區陳列著各式各樣的鹹甜塔派皮。

材料
◆ 250g低筋麵粉　◆ 125g無鹽奶油
◆ 125g水　◆ 5g食鹽

作法
1　烤模鋪上烘焙紙。
2　無鹽奶油切成小塊狀放在室溫軟化備用。

3 大缽裡放入麵粉和食鹽混合均勻。

4 加入切小塊軟化的無鹽奶油。

5 用手稍微搓勻。

6 加入水用手混合均勻。

7 揉成表面光滑的圓形麵團，放入冰箱冷藏醒20分鐘。

8 在工作檯上撒點麵粉，放上麵團。

9 擀成想要的大小。

10 放入已鋪好烘焙紙的模具中，用擀麵棍壓滾去掉多餘的塔皮。

11 用叉子均勻戳上洞。

12 再放一張烘焙紙，均勻放上糕點專用烘焙石或黃豆。

13 送入200℃預熱好10分鐘的烤箱烤15分鐘。

14 移出烤箱拿掉烘焙紙和烘焙石，即可放入其他材料繼續
   製作成鹹點。

基本甜塔皮
Pâte brisée sucrée

份 量	：	約10吋塔模
難 易 度	：	★ ☆ ☆
烤箱溫度	：	200 ℃
烘烤時間	：	15分鐘

材料
* 250g低筋麵粉　* 125g無鹽奶油
* 100g糖粉　* 1顆全蛋

作法
1　烤模鋪上烘焙紙備用。
2　無鹽奶油切成小塊狀放在室溫軟化備用。
3　在大缽裡放入麵粉和糖粉。
4　加入切小塊軟化的無鹽奶油。
5　放入一顆全蛋。

6 用手攪拌均勻。

7 搓成表面光滑的麵團,若沾手可撒上少許麵粉整型。

8 在工作檯上撒點麵粉,擀成想要的大小。

9 放入已鋪好烘焙紙的模具中,用擀麵棍在平鋪好烘焙
   紙的塔模壓邊去掉多餘的塔皮。

10 用叉子均勻叉洞。

11 再放上一張烘焙紙,上面均勻放上烘焙石或黃豆。

12 送入200℃預熱好10分鐘的烤箱烤15分鐘。

13 移出烤箱拿掉烘焙紙和烘焙石,即可放入其他材料繼
   續製作成甜點。

小叮嚀

1 如果鹹、甜塔皮麵團太軟不好整型,可放置冰箱冷藏20分鐘稍微變硬後,再擀成想要的形狀使用。

1 另可擀成一公分厚的方形,用卡通造型模子壓製後烘烤,就成為原味的奶油餅乾。

3-11

草莓千層夾心酥
Paille

份　　量：	約12份
難易度：	★ ☆ ☆
烤箱溫度：	200℃
烘烤時間：	20分鐘

以基本派皮作為基礎材料，簡單塗上蛋黃汁，撒上細砂糖烘烤，形成千層口感，再塗上各種口味果醬，就成為外形像麥稈的果醬夾心酥。法國一般茶坊和麵包糕點店都能見到這道法式點心，外形長15公分，寬10公分，兩片千層酥之間塗上果醬，食用時扳開想要大小，很受法國人喜愛，外子和我特別喜歡這香酥甜蜜口感的夾心酥。礙於台灣一般家庭的烤箱規格，我特別縮減長寬尺寸，方便讀者在家烘烤自製。除了草莓果醬外，還可變換成覆盆子、桃子、橘子等各種口味果醬來搭配。

◆ 咖啡店茶坊和大賣場裡，陳列販賣老少咸宜香甜酥脆的果醬千層夾心酥。

材料
◆ 一份500g派皮（請參考「3-10基本派皮」）
◆ 1顆蛋黃　◆ 20g細砂糖　◆ 10g黃砂糖　◆ 少許草莓果醬

作法
1　烤盤鋪好烘焙紙，兩種砂糖混合放盤子裡備用。
2　工作檯和派皮撒上少許麵粉。

3　用擀麵棍將派皮擀成約長21公分×厚0.5公分。

4　用刀子或披薩滾刀切掉兩邊多出的麵皮。

5　再用刀子或披薩滾刀均勻橫切。

6　成三等份。

7　兩張派皮均勻塗上蛋黃液。

8　塗上蛋黃液的派皮均勻撒上細砂糖。

9　塗上蛋黃液和撒糖的派皮摺疊起來。

10　放上未塗蛋黃液和撒糖的派皮。

11　用利刀切0.5公分厚度大小。

12　派皮四周均勻沾上盤中備用的細砂糖。

13 擺放在鋪好烘焙紙的烤盤上。

14 放入200℃預熱10分鐘的烤箱烘烤20分鐘，烤10分鐘時將派皮翻面，繼續烘烤10分鐘。

15 移出烤箱放涼。

16 烤好派皮一片正面朝上，一片正面朝下。

17 正面朝上那一片塗上一茶匙草莓果醬。

18 蓋上另一張正面朝下的派皮輕壓一下，即可盛盤食用。

小叮嚀

1 步驟11的派皮若太軟不易切片，可放入冷凍庫，使派皮變硬，較容易切片，否則派皮容易變形，影響烘烤後外觀。

2 切好欲烘烤的派皮放在烤盤上需預留一些空間，以免烘烤膨脹後互相沾黏。

3 派皮翻面烘烤時，擔心太過上色或烤焦，可在最後幾分鐘在派皮上鋪上鋁箔紙，繼續烘烤至成熟。

3-12

杏仁奶油餡
Frangipane

份　　量：約500克
難 易 度：★ ☆ ☆

杏仁粉、砂糖、蛋、奶油組合製成的奶油糖餡，常用在法式糕點裡的內餡，如：杏仁奶油牛角可頌和杏仁西洋梨塔，也可作為乾果塔類的中間內餡。

若以基本甜塔皮或派皮擀印成兩個小圓形，塔皮中間包上杏仁奶油餡，就是杏仁圓塔（Tourte à la frangipane或Galette des Rois à la frangipane）。法國每年過年後的第一個星期日是主顯節，過這傳統節日都會吃國王派，而國王派裡包的內餡就是杏仁奶油餡，這道傳統糕點是以兩張大圓形派皮包裹內餡製成。剩餘的杏仁奶油餡可塗在厚片土司上烘烤，就成了簡便早餐或午茶小點。

材料
* 125g無鹽奶油
* 125g細砂糖
* 125g杏仁粉
* 2顆全蛋

作法
1 無鹽奶油放在常溫下軟化。
2 軟化後的無鹽奶油加入細砂糖。
3 用電動攪拌器攪打均勻。
4 加入兩顆全蛋繼續攪拌。
5 最後加入杏仁粉。
6 攪拌至均勻即可。

小叮嚀
奶油一定要置於室溫放軟化後再加入砂糖攪打至軟膏狀，再加入蛋黃、杏仁粉攪拌至完全融合。

奶黃餡

Crème pâtissière

份　　量：約350克
難 易 度：★ ☆ ☆

又稱蛋黃奶油醬，由牛奶、糖、玉米粉和蛋黃製作而成。多用於糕點的夾餡，如：巧克力奶黃餡麵包、法式奶黃餡圓麵包、葡萄奶黃餡蝸牛可頌等。原味奶黃醬為香草口味，在製作的過程中加入香草精或香草夾裡的香草籽刮起後放入牛奶一起加熱、過篩，再混入蛋黃麵糊一起加熱煮至濃稠即成為香草奶黃醬。

　　除了香草風味的奶黃醬外，另可變化製作成咖啡、巧克力等口味。法國超市的麵粉糕點材料櫃，有販賣一種類似台灣糕點材料行販售的美式卡士達粉，調配成略帶香草味的法式卡士達粉，可代替玉米粉用於製作蛋塔內餡和奶黃醬，調配的奶黃醬糊較香濃且味道較好。

材料

- 250g牛奶　- 50g細砂糖　- 1個蛋黃
- 30g玉米粉（或卡式達粉）

作法

1　牛奶放到深鍋裡用中火預熱，不要煮到沸騰。
2　在另一個缽中放入細砂糖、玉米粉（或卡式達粉）混合均勻。

3　加入少許預熱中的牛奶混合均勻。

4　加入蛋黃。

5　一起混合均勻。

6　倒入剩下的牛奶和混合好的蛋黃粉糊混合均勻。

7　倒回深鍋繼續加熱鍋中的奶糊。

8　用打蛋器不停攪拌，直到麵糊變稠為止。

9　離火放涼。

小叮嚀

1　在步驟7要不斷攪拌，否則沉在鍋底的玉米澱粉容易結塊變焦。

2　可斟酌糕點製作上所需要的濃稠度，要稀一點的，第一時間煮滾時，離火攪拌均勻；
　　要硬一些的，則可以在煮滾後繼續在火爐上急速攪拌至想要的程度，然後離火放涼，
　　用於製作其他糕點。

法式鹹可麗餅

Pâte à crêpe salée

份　　量：約15~18片
難 易 度：★ ★ ☆

法式可麗餅類似台灣煎蛋餅，分為鹹甜兩種口味。起源於法國西部不列塔尼省（Bretagne），以黑蕎麥麵粉或白麵粉混入蛋、牛奶、奶油和食鹽為主要配方，有些法國人會添加啤酒或不列塔尼蘋果氣泡淡酒來調製麵糊。一般法國家庭用可麗餅專用平底鍋或一般平底鍋煎製，專業用可麗餅機外形類似台灣潤餅機。法國人一般將鹹可麗餅拿來當主食或開胃點心，加入各種乳酪、火腿和水分較少的蔬菜一起食用。甜可麗餅則做為飯後甜點或午茶點心，在甜可麗餅上塗果醬、新鮮水果、巧克力醬或冰淇淋、發泡鮮奶油等。一時煎不完的麵糊，蓋上保鮮膜封好，放冰箱冷藏可保存2天。煎以前先將麵糊攪拌均勻再製作，煎好的可麗餅用保鮮膜包好放冷藏可保存2～3天。吃前再將兩面乾煎一下，即可食用或製作其他鹹點。

可麗餅專賣店的專業用煎餅機，比家用平底鍋煎出來的可麗餅大一些。

材料
◆150g黑蕎麥麵粉　◆100g低筋麵粉
◆25g奶油　◆5g食鹽　◆500g牛奶　◆300g冷水

作法

1　15g奶油放入微波爐加熱1分鐘融化成液態放涼備用。

2　麵粉類一起過篩。

3　加入食鹽。

4　加入300g牛奶。

5　加入融化奶油。

6　用手混合均勻。

7　混合成濃稠帶有黏性的麵糊。

8　覆蓋上保鮮膜，放冷藏1小時。

9　拿出冷藏，加入剩餘的200g牛奶。

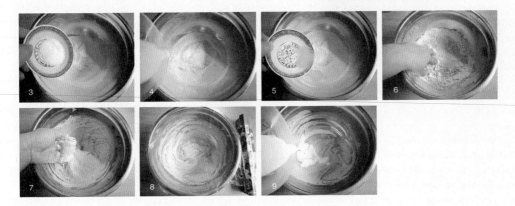

10　用手混合均勻。

11　倒入一半冷水混合均勻。

12　再倒入剩餘冷水繼續混合均勻。

13　成為濃稠流動的麵糊。

14 工作檯鋪上乾淨布巾。

15 平底鍋以中大火熱鍋，用紙巾沾上少許奶油，
均勻在平底鍋上塗上奶油。

16 倒入一大湯瓢麵糊。

17 快速以順時針方向轉一圈，讓麵糊均勻展開成
圓形麵皮狀。

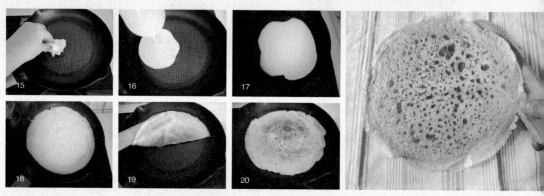

18 可麗餅皮均勻上色，周圍麵皮開始翹起。

19 即可翻面。

20 翻面後，繼續將可麗餅煎至上色。

21 煎好的可麗餅平鋪在布巾上放涼，再重複步驟15～21，
直到麵糊煎完為止。

22 用來製作其他鹹點。

小叮嚀

1 步驟17，轉動平底鍋的動作須稍快
一些，否則影響可麗餅皮的薄厚和
外觀，補救方式可在缺洞地方再淋
上少許麵糊即可。

2 可麗餅翻面時，請小心餅皮燙手，
翻面後繼續將可麗餅煎至上色。

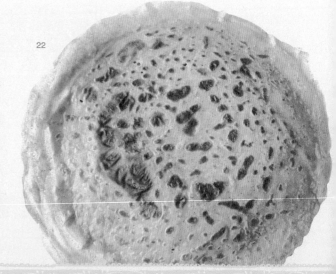

22

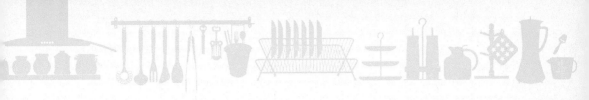

香瓜乾
Melon confit

份　　量：約250克
難易度：★★☆

香瓜乾是以新鮮香瓜加入糖、水飴（透明色麥芽糖），或蜂蜜浸泡醃製的加工蜜餞食品。可當零嘴吃，也是糕點製作的重要配角之一！新鮮水果以原狀或切片，浸泡在以糖與水飴加水煮滾後的糖水中，每天加糖再煮滾糖水，使糖水更加濃稠，讓水果吸入糖水後，自然上一層天然防腐保護層。吸乾糖水，並乾燥幾日，即為天然不含添加物的新鮮水果乾。

製作果乾需花上10天時間，所以最好事先大量製作保存，要用時才不會沒有材料可用。依照這些步驟，還可以製作杏、李、櫻桃、芒果、鳳梨、木瓜、奇異果、冬瓜和西瓜皮等果乾。特別要注意的是，每一種水果乾，須個別製作泡糖水，切勿一鍋放入各類水果，味道會混淆而失去原味。製作好的水果乾，可用在餅乾、糖漬水果蛋糕、艾克斯卡里松杏仁餅等糕點上。

1 傳統市場果乾攤上各式乾燥水果乾，有無花果、甜棗、小紅莓、木瓜、鳳梨、香蕉等。
2 法國巧克力店陳列販售的糖漬水果乾，有西洋梨、杏桃、梅子等。
（圖片提供：羅淑宴）

材料
- 650g新鮮香瓜（去皮去籽後的重量）
- 650g水　• 650g細砂糖　• 15g水飴（透明色麥芽糖）

作法

1　新鮮香瓜去皮去籽後切片，厚約2公分。
2　放入平底容器中備用。
3　深鍋裡放入350g細砂糖和水飴。
4　加入650g水。
5　以中火煮，一邊攪拌至糖完全融化。
6　直到糖水沸騰後離火。

7　倒入放有新鮮香瓜片的平底容器裡。
8　靜置放涼，將每片香瓜翻面。
9　蓋上保鮮膜靜置24小時。
10　以濾勺撈起泡糖水的香瓜片。
11　放在大盤子裡。

12　糖水倒入深鍋，加入50g細砂糖。
13　用中火煮，一邊攪拌至糖完全融化。
14　直到糖水沸騰後離火。

15 香瓜片放回平底容器中。

16 倒入煮滾後的糖水，靜置放涼。

17 蓋上保鮮膜靜置24小時。每天重複步驟10～17，共6天。

18 準備好4張乾淨紙巾。

19 撈起經糖煮並浸泡6天的香瓜片，濾乾糖水放在乾淨紙巾上。

20 稍微吸乾糖水。

21 再準備4張乾淨紙巾。

22 再將香瓜片平鋪吸乾水分。

23 放在涼架上一個晚上。

24 拿掉紙巾均勻鋪放在涼架上。

25 放置通風乾燥處風乾2天。

26 即可用來製作艾克斯卡里松杏仁餅或其他糕點。

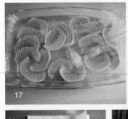
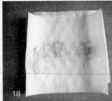

小叮嚀

1 請用乾淨無油污的深鍋和容器煮糖水與浸泡。

2 夏天製作時，糖水煮好放涼，蓋上保鮮膜後，請放置冰箱冷藏，以免天氣熱，容易發酵變酸。

3 第一次加水煮糖水時加入350g細砂糖，之後每一天加50g細砂糖與原糖水一起混合煮滾，共6天。

4 浸泡香瓜的糖水需待完全放涼後再蓋上保鮮膜。

5 可在香瓜當令季節價格便宜時，一次做多點，放入餅乾鐵盒或密封保鮮盒保存。

鬱金香餅乾杯
Pâte à tulipe / Pâte à corolle

份　　量：	約8個餅乾杯
	24個小餅乾
難 易 度：	★★☆
烤箱溫度：	180 ℃
烘烤時間：	約8~12分鐘

法文tulipe是鬱金香，corolle則是花冠。將麵粉、糖、蛋白和融化奶油一起混合成蛋白糖麵糊，鋪成大圓形烘烤，再以圓碗壓成平底凹槽狀，代替玻璃製的杯碗，讓冰淇淋、慕斯類糕點或新鮮水果以另一種新潮擺盤方式呈現。餅乾杯裝入各種糕點水果，再擠上發泡鮮奶油，淋上巧克力醬或鮮果醬汁，最後還能一起吃下肚，口感香脆，造型特別。塗上一層巧克力，不但可補平壓型時造成的小破洞裂痕，保持美觀，最大的作用就是隔絕冰淇淋或帶水分的水果水氣，不至於馬上就浸濕餅乾，而保持餅乾杯的外形和美感。此外還可單純製作成小餅乾，在配方中加入少許杏仁粉提味，比例上則調整增減低筋麵粉。製做好的小餅乾或餅乾杯放置在餅乾鐵盒防潮，可保存約三星期甚至一個月。

材料
* 100g低筋麵粉　* 100g無鹽奶油
* 100g細砂糖　* 2顆蛋白　* 少許食鹽

作法
1　烤盤鋪好烘焙紙備用。
2　準備好兩顆蛋白。
3　無鹽奶油放入微波爐加熱1分鐘備用。

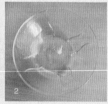
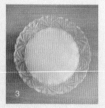

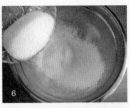

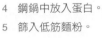

4 鋼鍋中放入蛋白。

5 篩入低筋麵粉。

6 加入細砂糖。

7 加入少許食鹽。

8 加入蛋白。

9 攪拌均勻。

10 倒入融化的無鹽奶油。

11 攪拌至完全混合均勻為止。

12 用湯匙舀入鋪好烘焙紙的烤盤上。

13 用湯匙背鋪壓成直徑約12～13公分的圓形。

14 全部鋪好後放入以180℃預熱好10分鐘的烤箱烘烤約8～12分鐘。

15 準備好四個平底凹槽圓碗。

16 烘烤完成，移出烤箱。

17 餅乾正面朝上放在圓碗上。

18 餅乾上再放上另一個圓碗壓一下，使餅乾定型。

19 再繼續將另三片餅乾定型。

20 餅乾倒過來成圓碗狀。

21 巧克力扳成小塊。

22 蓋上保鮮膜。

23 放入裝有六分滿水的大碗裡，放入微波爐隔水加熱2分鐘。

24 移出微波爐，拿掉保鮮膜，用茶匙攪拌巧克力直到融化。

25 工作檯放上剛烤過餅乾的烘焙紙。

26 拿一份餅乾杯。

27 舀入一茶匙融化巧克力在餅乾中間。

28 均勻塗上融化巧克力。

29 全部塗上巧克力，放至變乾變硬，即可裝上冰淇
　　淋、切丁糖煮水果或綜合水果丁，製作成水果餅乾
　　杯或冰淇淋餅乾杯。

小叮嚀

1　鋪平餅乾時，厚薄請鋪均勻，用碗定型時就不會碎開。

2　製作成小餅乾，請將麵糊以茶匙舀入鋪平烘烤約8分鐘，餅乾杯則為12分鐘。

3　步驟18，餅乾壓型時，請小心餅乾燙手，動作要快，否則烘烤後餅乾很快就變硬。
　　變硬的餅乾可放回烤箱烘烤2分鐘就會變軟，再移出定型。

4　烘烤定型的餅乾杯多少會有小裂洞，可以融化巧克力鋪平或填平。

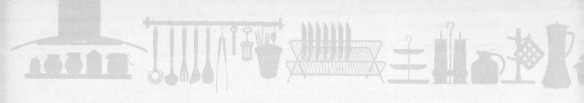

3-17

法式美乃滋
Sauce mayonnaise

份　　量：約350g
難易度：★☆☆

19世紀初次記載在食譜書上，但源起可能來自更早的17世紀，只是當時未記載下來。由蛋黃、橄欖油、沙拉油、食鹽做成稍濃稠的鹹蛋黃醬。有許多不同配方和作法，可加入檸檬汁或紅酒醋、芥末醬等，依照搭配食物變化不同風味。以下配方是法國朋友瑪莉芙所提供，僅以蛋黃、沙拉油作為主要材料，加入法式芥末醬和調味料，攪打成口味道地的法式美乃滋，搭配螃蟹、鮮蝦或盛產於北歐、西歐的海螯蝦等海鮮，或去殼切片切丁的水煮蛋都非常對味。

與台灣美乃滋最大的不同是，法式美乃滋是鹹的，並不甜，配方裡因有芥末醬提味，吃起來略帶芥末香，配上海鮮的自然甘甜，吃起來恰到好處。瑪莉芙教我做美乃滋時，還教我法國料理的習慣用語「une pincé de sel」，就是「一撮鹽」的意思。法國廚師做菜很少拿計量器來秤鹽、胡椒等調味料的重量，多用大拇指和食指捏起的次數來計量，捏撒幾撮鹽就可知道鹹度輕重。基本上4撮鹽等於1g食鹽重量，而這道法式美乃滋則需要6撮鹽。

吃海鮮盤的螃蟹和海螯蝦時，佐上法式美乃滋，更添甜美風味，是法國人吃海鮮的慣用佐醬。

材料
- 2顆蛋黃
- 3茶匙法式芥末醬
- 1茶匙紅酒醋
- 200g沙拉油
- 1.5g食鹽

份　　量：	16個
難易度：	★★☆
烤箱溫度：	200℃
烘烤時間：	25分鐘

材料

- 1份可頌麵皮（請參考「3-1可頌麵團」）
- 80g無鹽奶油　　• 60g糖粉
- 100g杏仁粉　　• 2顆全蛋
- 50g杏仁片　　• 1顆全蛋（塗可頌麵皮用）

作法

1 烤盤鋪上烘焙紙備用。

2 兩顆全蛋去殼放碗裡備用。

3 鋼鍋裡放入無鹽奶油。

4 用電動打蛋器以低速攪打均勻。

5 加入過篩糖粉繼續攪拌均勻。

6 加入2顆全蛋。

7 攪拌均勻。

8 加入杏仁粉。

9 攪拌均勻。

10 用刮刀集中杏仁奶油餡，放冷藏備用。

11 準備製作可頌麵皮，工作檯和麵皮撒上少許麵粉。

12 用擀麵棍將麵皮擀成約長60公分×寬20公分麵皮。

13 從中間用刀子或披薩滾刀切成兩半。

14 分切成16個寬約7～8公分的三角形麵皮。

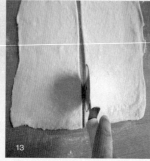

15 三角麵皮中央舀入1湯匙杏仁奶油餡。

16 用湯匙背均勻鋪滿三角麵皮。

17 由下往上捲起麵皮。

18 稍微拉一下頂尖麵皮。

19 完全捲成牛角狀。

20 間隔地放在鋪好烘焙紙的烤盤上。

21 1顆全蛋去殼，攪拌成蛋汁。

22 用蛋糕刷在可頌麵皮上均勻刷上蛋汁，靜置發酵脹至兩倍大，約1～1.5小時。

23 再塗上蛋汁。

24 舀半湯匙杏仁奶油餡在可頌麵皮上。

25 均勻撒上杏仁片。

26 所有可頌都撒上杏仁片。

Finish ▶▶▶

27 放入200℃預熱10分鐘的烤箱烘烤25分鐘。

28 移出烤箱放涼。

29 食用前撒上少許糖粉，即可享用。

4-2　*Croissant aux amandes*

小叮嚀

1　裁切三角形可頌麵皮時，可用目測或拿尺量大小，多出來不成形的可頌麵皮，可以裁成小塊分
　　放在三角可頌麵皮上，再一起包餡捲起。

2　捲好可頌麵皮放在烤盤上時，開口部位朝下壓好，才不會在烘烤時膨脹迸開。

3　夏天溫度較高，可頌麵皮在刷好蛋汁後，未到發酵時間已脹至兩倍大，即可馬上送入預熱好的
　　烤箱烘烤。

鹹乳酪可頌
Croissant au fromage et saucisse

新月形可頌在法國存在許久，法國烹飪藝術中心的烹飪遺產清單裡就曾提及，1549年有道糕點「四十個新月蛋糕」（Quarante gâteaux en croissant），是紀念法王法蘭西斯一世（François I）的第二任奧地利妻子埃萊諾皇后（Éléonore de Habsbourg ou d'Autriche）。

法國從20世紀中才開始把可頌當作早餐食物。近幾年來，亞洲國家開始掀起吃可頌配咖啡的早餐風潮。法國人吃可頌的方式，是將原味可頌塗上奶油或果醬、新鮮乳酪。這兩三年才開始在可頌裡加料烘烤，但我覺得可頌裡夾餡烘烤的吃法是從亞洲傳回法國的。台灣、日本等亞洲國家，吃加料的鹹味可頌早有一段時日，對法國人來說卻是新穎吃法。

法國人改良鹹可頌的吃法，是將冷的可頌橫切對半，中間夾上鮪魚醬、蒔蘿、鮮乳酪、煙燻鮭魚片或火腿乳酪片等。熱食則是麵皮裡包裹上香料、番茄乾、各類乳酪、各式火腿香腸、橄欖或辣腸等。製作成小型鹹可頌，還可當開胃下酒小點。大一點的則做成簡餐、正餐或野餐可頌三明治。

法國一般麵包店和大型賣場裡，麵包櫃上陳列的可頌幾乎一陳不變，以原味可頌為主，因為原味可頌較易於保存。一般法國人的購物習慣是一週上一次購物中心採買日常

用品，因此大包裝盒裝可頌或塑膠袋裝可頌較適合法國家庭。夾內餡的鹹可頌賞味期較短，只可現買現吃，所以包餡鹹可頌在賣簡餐的咖啡館或速食店才較常見。讀者可依照喜歡的配料搭配，製作出不同類型口味的鹹可頌，冷食熱食皆宜。製作好的夾餡可頌麵團冰至冷凍庫，再分放在密封保鮮袋，食用前一晚，再取出冷藏退凍、發麵，烘烤前刷上蛋汁烘烤。或將可頌烘烤放涼，分放密封保鮮袋，食用前，將烤箱200℃預熱10分鐘，放在烤盤上，直接烘烤5～7分鐘，移出烤箱橫切對半勿切斷，塗奶油或夾上火腿、乳酪等鹹餡料，即是一道美味好吃的鹹可頌早餐、簡餐或下午茶點心。

份　　量：16個	
難 易 度：★ ★ ☆	
烤箱溫度：200℃	
烘烤時間：25分鐘	

材料
• 1份可頌麵皮（請參考「3-1可頌麵團」） • 5條長條熱狗香腸
• 70g艾蒙塔乳酪絲（fromage emmental râpé） • 1顆全蛋（塗可頌麵皮用）

作法
1　烤盤鋪好烘焙紙備用。
2　全蛋用茶匙攪拌均勻備用。
3　長條熱狗分切成約長4公分，乳酪絲放碗裡備用。

4 準備好可頌基本麵皮，工作檯和麵皮上撒上少許麵粉，用擀麵棍擀開。

5 成約長60公分×寬20公分長條狀。

6 用刀子或披薩滾刀從中間切成兩半。

  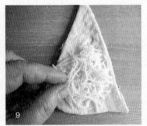

7 分切成16份，寬約7～8公分的三角形麵皮。

8 三角麵皮放在工作檯上。

9 麵皮中間放上少許乳酪絲。

  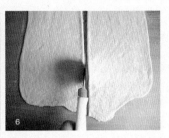

10 放上切段熱狗香腸。

11 由下往上捲起。

12 拉一下頂端麵皮後，捲到底。

13　有間隔地放在鋪有烘焙紙的烤盤上。

14　用蛋糕刷在麵皮上刷上全蛋汁。

15　靜置發酵膨脹至2倍大，約1～1.5小時。

16　再塗上全蛋汁，麵皮上放上少許乳酪絲。

17　放入200℃預熱好10分鐘的烤箱烘烤25分鐘。

18　移出烤箱趁熱享用。

小叮嚀

1　想做大型鹹乳酪可頌，可將麵皮分為8份，不必將麵皮對切成半，直接分切為8份三角形麵皮，
　　即為大型鹹乳酪可頌。烘烤時間改為30分鐘。

2　鹹乳酪可頌放涼食用，失去乳酪內餡柔軟度，可放回200℃預熱10分鐘的烤箱烘烤4～5分鐘回
　　溫，待回復柔軟再吃。但切勿烘烤太久，烘烤過度會變硬、變乾，失去乳酪融化的口感。

Croissant au fromage et saucisse

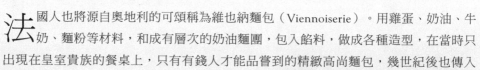

4-4

巧克力奶黃餡麵包
Pain au chocolat à la crème pâtissière

法國人也將源自奧地利的可頌稱為維也納麵包（Viennoiserie）。用雞蛋、奶油、牛奶、麵粉等材料，和成有層次的奶油麵團，包入餡料，做成各種造型，在當時只出現在皇室貴族的餐桌上，只有有錢人才能品嘗到的精緻高尚麵包，幾世紀後也傳入法國宮廷。19世紀，巴黎有了第一家維也納麵包店，Viennoiserie 一字也在當時收錄於法語辭典。20世紀以來，維也納麵包廣傳於民間，成為法國人早餐餐桌上必備的麵包。一般人多把可頌與法國劃成等號，現在讀者知道，原來可頌屬於維也納麵包，源自奧地利呢。

這款巧克力奶黃餡麵包，也稱瑞士可頌捲（Croissant Suisse），除了以可頌麵團製作外，也可換成奶油麵團當麵皮，稱為瑞士布里歐什（Brioche Suisse），其他配方則不變。如果不放奶黃餡，只包巧克力棒或巧克力豆，捲成壽司狀，再切成寬約6公分，長約8公分，就是巧克力

1 賣場包裝成一大袋的長螺旋狀領帶麵包。
2 麵包師傅正在製作巧克力麵包，擺放整齊包裹著巧克力棒的巧克力麵包生麵團，待發酵膨脹烘烤，即是熱騰騰香酥可口的巧克力麵包。

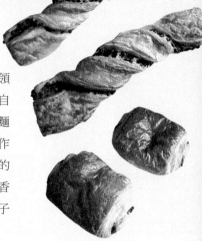

麵包（Pain au chocolat），可頌麵團包餡後捲成螺旋狀，則為「領帶」（Cravate或Torsade au chocolat）。除了這些外形，還可以自己喜歡的樣式製作出不同形狀。在家和小朋友一起手沾麵粉揉麵團，體會指尖上傳來的麵團觸感，看見麵粉經由酵母和糖發揮作用，神奇地由小變大，從硬朗的麵團吹氣般膨脹成軟綿帶筋度的麵團，廚房裡頓時充滿酵母香，而麵團經整形烘焙後，一個個香酥可口、熱烘烘的可頌麵包就出爐了！再和家人一起享用這親子互動合作的成果，享受這簡單的幸福，人生夫復何求！

| 份　　量：約10個 |
| 難 易 度：★★☆ |
| 烤箱溫度：200℃ |
| 烘烤時間：25分鐘 |

材料

- 1份可頌麵皮（請參考「3-1可頌麵團」）
- 1份奶黃餡（請參考「3-13奶黃餡」）
- 75g黑巧克力豆　．1顆全蛋
- 少許糖水（50g沸水+50g細砂糖）

作法

1　烤盤鋪上烘焙紙，全蛋放入碗中用茶匙攪拌均勻備用。

2　準備好一份擀發製作好的可頌麵皮。

3　工作檯與麵皮撒上少許麵粉，用擀麵棍擀開麵皮。

4 擀成約長60公分×寬20公分的長形麵皮。

5 用披薩滾刀或刀子，切掉四邊多於凸出的麵皮成長方形。

6 麵皮中央鋪上奶黃餡。

7 用湯匙鋪開奶黃餡。

 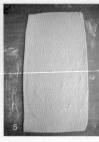  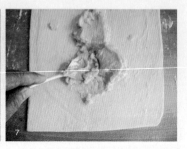

8 麵皮均勻鋪上奶黃餡。

9 剩餘凸出的麵皮分切成小段，鋪在奶黃餡上。

10 麵皮均勻撒上巧克力豆。

11 巧克力豆鋪撒均勻。

12 小心抓住麵皮由左往右蓋上麵皮。

13 用披薩滾刀或利刀切斷約6公分寬包有內餡的麵皮。

14 分切成10等份。

 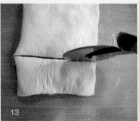 

15 用蛋糕刮刀刮起麵皮。

16 放在鋪好烘焙紙的烤盤上。

17 間隔放好包餡麵皮。

18 麵皮上刷上蛋汁。

19 靜置膨脹發酵至兩倍大，約1～1.5小時。

20 再刷上蛋汁。

21 放入200℃預熱好10分鐘的烤箱烘烤25分鐘。

22 移出烤箱。

23 趁熱在麵皮上刷上少許糖水。趁熱吃或放涼吃皆宜。

 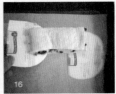

Finish ▶▶▶

小叮嚀

1 50g沸水＋50g細砂糖混合融化放涼即為糖水，刷糖水步驟可刷，也可省略不刷。

2 烤箱四角烤溫強弱不同，烘烤膨脹後，有些可頌麵皮與奶黃餡會稍微滑開變形。烘烤完成，
   移出烤箱，用蛋糕刮刀將走滑的可頌麵皮和奶黃餡扳正定形，放涼後就很難定形。

3 步驟12，鋪好奶黃餡和巧克力豆的麵皮，由下往上摺成約30公分的麵皮。用披薩滾刀或利刀
   切成寬約3公分的長條形，再將麵皮捲成螺旋長條狀，就是螺旋可頌麵包（Cravate或Torsade
   au Chocolat）。

4-4 *Pain au chocolat à la crème pâtissière*

4-5

葡萄奶黃餡蝸牛可頌
Pain au raisin à la crème pâtissière

可頌麵團包入奶黃餡和泡過蘭姆酒的黑色葡萄乾，滾捲成長筒狀，再切成薄片，烘烤成漩渦狀，略帶酒香，是法國東北亞爾薩斯-摩澤爾省（Alsace-Moselle）的傳統麵包。鄰國比利時的地方傳統作法，則是在奶油麵包麵團裡，混合包裹黑色葡萄乾，做成長形或圓球狀，稱為陶瓷麵包或法蘭德斯陶瓷麵包（Cramique或kramiek en flamand）。可塗上奶油、果醬、巧克力醬搭配，也可切片塗鵝肝醬享用。

法蘭西斯老師的故鄉在法國北部加萊海峽（Nord-Pas-de-Calais），與北比利時邊境接壤的里爾市（Lille）附近城市。每年到了耶誕節前夕，他會提前製作圓形奶油麵包，再將

◆ 超市大賣場陳售各種造型風味的可頌，如原味可頌、葡萄奶黃餡蝸牛可頌、巧克力可頌等，皆是法國大眾喜愛的口味。

麵包切片搭配鵝肝醬食用，這種配食方式也是法國北部的地方傳統。除了以奶油麵團製作，也可用可頌麵團為基礎麵團，裹入黑色或白色葡萄乾、奶黃餡等，捲起切片成漩渦狀，配料可改成巧克力豆、白晶糖，或切成小丁的各類糖漬水果乾等，在口味上做變化。

份　　量：16個
難 易 度：★ ★ ☆
烤箱溫度：200℃
烘烤時間：20分鐘

材料

- 1份可頌麵皮（請參考「3-1可頌麵團」）　• 1份奶黃餡（請參考「3-13奶黃餡」）
- 100g 黑色葡萄乾　• 20g 蘭姆酒　• 1顆全蛋　• 30g細砂糖　• 30g熱水

作法

1　碗裡放入黑色葡萄乾，加入蘭姆酒。

2　用手抓一下，使蘭姆酒浸濕入味。

3　烤盤鋪上烘焙紙備用。

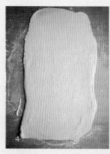  

4　製作好可頌麵皮，擀成約寬25公分×長55公分長方形。

5　麵皮上用湯匙舀入放涼的奶黃餡。

6　用湯匙背塗抹均勻。

7　均勻塗抹在麵皮上。

8　泡過蘭姆酒的黑色葡萄乾稍微壓乾酒汁，再均勻鋪在麵皮上。

9　從左往右將2公分麵皮往右壓一下。

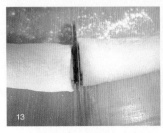

10　像捲壽司般由外往內捲成滾筒狀。

11　用食指稍微沾一下奶黃餡，塗在邊緣麵皮上。

12　輕壓一下邊緣麵皮，使麵皮完全沾黏住。

13　用利刀在中央切一刀，成兩段。

14　放在撒上少許麵粉的烤盤上，蓋上保鮮膜，放入冰箱冷藏約30分鐘稍微變硬。

15　移出冷藏，用利刀切約1.5公分厚，成16份。

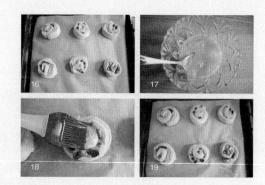

16 放在鋪好烘焙紙的烤盤上。

17 準備好一顆攪拌好的全蛋汁。

18 用蛋糕刷在麵團上及周圍邊緣塗上全蛋汁。

19 靜置發酵至2倍大，約1～1.5小時。

20 再塗上蛋汁。

21 放入200℃預熱好10分鐘的烤箱烘烤20分鐘。

22 小碗裡放入細砂糖，倒入熱水。

23 用茶匙攪拌至細砂糖完全融化，備用。

24 烤好的葡萄奶黃餡鍋牛可頌移出烤箱，在上方及周圍邊緣均勻刷上糖水。

25 趁熱或放涼食用皆宜。

4-5 *Pain au raisin à la crème pâtissière*

小叮嚀

1. 步驟8，先抓捏一下泡過蘭姆酒的黑葡萄乾，再鋪在奶黃餡上方，以免鋪上後太濕出汁，影響黏合度。

2. 請利用銳利易切的利刀切片，內餡較不易散開，烘烤後外形較完整。

3. 若不想費心製作奶黃餡，可在擀好的麵團均勻塗上蛋汁，再鋪上泡過蘭姆酒的黑葡萄乾或巧克力豆，滾成圓筒狀切片烘烤。

蘋果拖鞋麵包

Chausson aux pommes

又稱蘋果拖鞋派，以千層派皮裹住蘋果泥醬，高溫烘烤成千層香酥外皮，內餡酸甜
夠味的半月形千層蘋果派。外形上，有半月形和三角形兩種。法國大型超市和麵
包糕點店賣的多為半月形，塑膠盒包裝，內有6個，售價便宜，法國人多拿來當早餐或午
茶點心。

傳說在1630年，法國中部羅亞爾河區聖加萊鎮（Saint-Calais）鬧飢荒，當地城堡富有
的貴夫人們贊助了許多麵粉和蘋果，製作蘋果餅（Pâté aux pommes）供城外受飢荒之苦
的老百姓填飽肚子，因而有了蘋果拖鞋麵包的源起。每年9月的第一個週日，為了紀念當
時伸出援手的善心貴夫人，加萊鎮的安尼爾碼頭（Quais de l'Anille）會舉行蘋果派慶典
（La fête du chausson aux pommes de Saint Calais），當地居民不論大人小孩，都穿上中世
紀服裝，模仿當時事件情境，舉辦諸多慶祝活動，這項紀念傳統迄今已持續三個世紀。

製作蘋果拖鞋麵包時，可一次將派皮分成16等份，包裹住蘋果餡，畫好刀痕，放在撒
上少許麵粉的烤盤，放入冰箱冷凍，結凍後再分裝於密封袋，放入冷凍庫。親朋好友來
訪，放入預熱好10分鐘的烤箱烘烤25～30分鐘，馬上就有熱騰騰香酥可口的蘋果派出爐
招待客人。一小張派皮約250g，一次可做4個，一大份派皮約1000克，可做16個。內餡可
改成杏仁奶油餡或西洋梨泥餡，西洋梨泥餡的製作方式同蘋果醬，只要將蘋果改成西洋
梨，即可做出不同風味的西洋梨拖鞋麵包。

材料

- 1份派皮
  （請參考「3-10基本派皮」）
- 160g蘋果醬
  （請參考「3-7蘋果醬」）
- 1顆蛋黃液（塗派皮表面用）

| 份　　量：約16個 |
| 難 易 度：★ ★ ☆ |
| 烤箱溫度：200℃~220℃ |
| 烘烤時間：25~30分鐘 |

作法

1　烤盤鋪好烘焙紙備用。

2　取1顆蛋黃加1茶匙水，混合均勻備用。

3　工作檯和派皮撒上少許麵粉，用擀麵棍擀開派皮。

4　擀成寬、長約30公分的正方形。

5　拿一只約13公分大小的小盤子，或咖啡杯底盤印模。

6　用尖刀沿著邊緣劃開派皮。

7　切好圓形派皮，放在鋪好烘焙紙的烤盤上。

8　用湯匙舀入約一平匙蘋果醬。

9　用湯匙背稍為撫平，派皮周邊預留2公分寬不要塗醬。

10　四片派皮都鋪好蘋果泥。

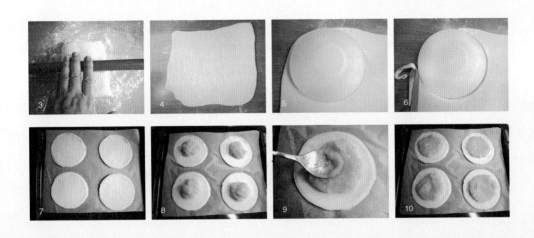

11 派皮邊緣塗上少許蛋黃汁。

12 捏住上方派皮往下蓋上派皮，用手稍微輕壓一下邊緣派皮。

13 用刀尖切邊緣派皮，使其黏合。

14 派皮上劃上刀痕，但勿切開派皮。

15 派皮與邊緣均勻塗上蛋黃汁。

16 全部都塗好。

17 放入以220℃預熱好的烤箱，馬上降溫至200℃烘烤25～30分鐘。

18 移出烤箱，趁熱或放涼食用皆可。

小叮嚀

1 派皮上放蘋果醬時，切勿放太多，否則蓋上派皮時，內餡容易從旁邊溢出，難以黏合，烘烤時也較容易迸開。

2 步驟14，派皮上劃刀痕，勿切開派皮，否則蘋果內餡會在烘烤後從洞口溢出。

3 若想使派皮的色澤更亮眼，可用30g熱水加30g細砂糖，用湯匙攪拌融化放涼，烘烤出爐後，馬上在派皮刷上一層糖水即可。

4 吃不完放隔天的蘋果拖鞋麵包會變軟，可再放入200℃火溫預熱10分鐘的烤箱烘烤5～7分鐘，即可回復剛出爐的香酥口感。

4-6 *Chausson aux pommes*

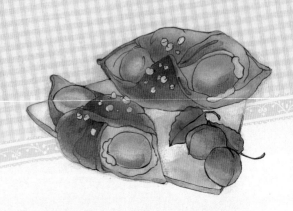

4-7

杏桃奶黃餡可頌
Carré aux abricots

可頌麵團擀開後的可頌麵皮，分割成四角形，中間放上奶黃餡，再放上半顆杏桃，烘烤成水果奶黃餡風味的可頌麵包。同樣的配方材料，可變換各類水果，製作成不同口味的水果可頌，如：切片奇異果、西洋梨、櫻桃、黑醋栗、鳳梨片等新鮮或罐頭水果，或者塗上各種果醬。外形上則可做成正方形、長方形、菱形、風車扇形等，自由變換搭配製作成想要的形狀和口味。

野生杏桃樹最初原產於中國東北，中國各地山區也能見到野生杏桃樹，已有2000年歷史，後來才出現在中東地區、希臘、義大利等地，法國則在15世紀由安茹公爵何內（René d'Anjou）從義大利引進法國。杏桃樹矮小就能結實纍纍，外觀似蜜桃，但比蜜桃小，直徑約5公分。外觀金黃，果肉暗黃，甜美多汁，果實於每年6～8月成熟。法國人多將杏桃製成果醬、杏桃乾、杏桃籽油、糖水杏桃、杏桃烈酒等。杏桃鮮嘗甜蜜多汁，經烹煮或烘烤後，杏桃皮會變酸，因此烤過的杏桃會比新鮮的酸，若要製作可頌麵包，則以糖水罐頭杏桃為佳，或以杏桃果醬替代也行。

份　　量：10個
難 易 度：★ ★ ☆
烤箱溫度：200℃
烘烤時間：25分鐘

材料

* 1份可頌麵皮（請參考「3-1可頌麵團」）
* 1份奶黃餡（請參考「3-13奶黃餡」）
* 10片半顆罐頭杏桃　* 1顆全蛋
* 少許糖水（30g糖＋30g熱水混合均勻）或蜂蜜

作法

1　準備擀摺好的可頌麵皮。

2　烤盤鋪上烘焙紙備用。

3　杏桃罐頭打開後取10片，濾乾水分備用。

4　全蛋放碗裡，用茶匙攪拌均勻備用。

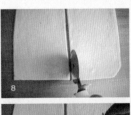
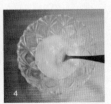

5　工作檯和麵皮撒上少許麵粉，用擀麵棍擀開。

6　擀成約寬20公分×長80公分的長條狀。

7　用刀子或披薩滾刀切掉四邊多出的麵皮。

8　再從中間對切成兩半。

9　橫切成5等份，約8公分正方形。

10 成為10份正方形麵皮。

11 取一份麵皮。

12 將麵皮的四角由外往內摺成菱形。

13 麵皮中央舀入一湯匙奶黃餡。

14 放上半顆杏桃。

15 移至鋪好烘焙紙的烤盤上。

16 用食指延著杏桃周圍繞一圈,將奶黃餡稍微撫平。

17 麵團塗上全蛋汁,杏桃與奶黃餡不塗。

18 待麵團膨脹至兩倍大,約1～1.5小時。

19 再塗上全蛋汁。

20 放入200℃預熱好10分鐘的烤箱烘烤25分鐘。

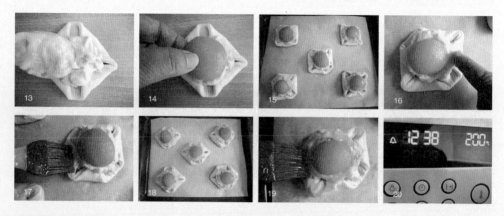

21 移出烤箱。

22 在烤好的杏桃奶黃餡可頌刷上少許糖水或蜂蜜。

23 趁熱或放涼食用皆宜。

4-7　*Carré aux abricots*

小叮嚀

1　去邊的麵皮可切成小條狀夾入麵皮中，再放上奶黃餡和杏桃。

2　可先將5份四方形麵皮放在鋪有烘焙紙的烤盤上，再摺成菱形再放上奶黃餡和杏桃，省去步
　　驟15移動的動作。

3　刷糖水是為了讓烤好的可頌較有光澤，不想塗糖水直接吃也行。

4　放隔天的杏桃奶黃餡可頌，若不再鬆脆，可放入200℃預熱好10分鐘的烤箱回烤5～7分鐘，
　　即可恢復香酥口感。

小圓球布里歐什
Petite brioche à tête

布里歐什奶油麵包於16世紀時起源於諾曼地，最早的配方以麵粉、酵母、奶油、牛奶和蛋為主。諾曼地的吉梭（Gisors）和果內（Gournay）兩地生產品質優良的奶油，因此也出產好吃的奶油麵包。而關於布里歐什奶油麵包的最有名故事，莫過於法王路易十六的瑪麗王后（Marie Antoinette）的那段軼聞，據說她在聽聞老百姓鬧饑荒沒有麵包可吃時，竟然說：「沒有麵包吃，那就叫他們吃布里歐什啊！（Qu'ils mangent de la brioche.）」而這段軼聞還被法國思想家盧梭寫在他的自傳《懺悔錄》裡，不過大文豪並沒有指名道姓是誰說的就是了。

至於brioche的字源，則有許多不同的說法，如今較可靠的說法，說它是從動詞brier「擀」和broyer「搗碎」這兩個字而來。因為最初諾曼地製作布里歐什的方式，是用麵粉加入酵母，再用木棒搗成麵團。布里歐什最傳統的外形是在麵團上劃上刀痕，而今法國各地有許多不同外形的布里歐什，名稱也不一樣。從19世紀開始，許多麵包店在布里歐什配方中加入柳橙花精、水果烈酒、新鮮奶油等新配方，創造出不同風味的布里歐什。小圓球布里歐什則以原味奶油麵團，製作成大小雙球外形，放在烤模裡，烘烤成純奶油麵包。嘗起來略帶奶油鹹味，配上各種果醬最為適合。外子老米是布里歐什的忠實粉絲，週末早晨都會悠閒吃上自己最愛的布里歐什，作為慰勞自己辛勤工作一週的犒賞，再配上一大杯黑咖啡和水果優格、柳丁汁，就是一頓豐盛早餐！

份　　量：10個
難 易 度：★★☆
烤箱溫度：200℃
烘烤時間：25分鐘

材料

（請參考「3-4布里歐什奶油麵包麵團」）

- 250g高筋麵粉　• 5g食鹽　• 25g細砂糖
- 20g新鮮酵母　• 3顆全蛋（1顆刷麵皮用）
- 30g水　• 145g無鹽奶油（20g刷烤模用）

作法

1　準備製作好布里歐什奶油麵包麵團。

2　準備10個小型塔模或烤模，均勻刷上無鹽奶油。

3　放在烤盤上備用。

4　奶油麵團分成10等份，一份約55g。

5　手掌沾上少許麵粉。

6　手弓成圓形，將麵團滾成圓形。

7　翻轉麵團，正面朝右。

8　手刀處沾上少許麵粉。

9　用手刀部位在麵團1/4處前後拉扯。

10　麵團滾扯出一大一小圓狀。

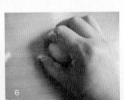

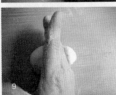

11 放入刷好奶油的烤模，用食指將小圓四邊戳塞一下，收緊小圓麵團與大圓麵團，使其黏貼。

12 所有麵團整形好。

13 用蛋糕刷在麵團上刷上攪拌好的全蛋汁。

14 放置溫暖通風處靜置1～1.5小時。

15 發酵膨脹至兩倍大，再刷上蛋汁。

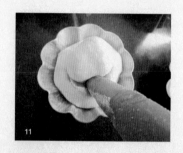

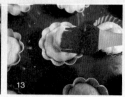

16 放入200℃預熱好10分鐘的烤箱烘烤25分鐘。

17 移出烤箱，趁熱脫模。

18 放在涼架上放涼，即可塗上果醬享用。

小叮嚀

1 一份奶油麵團可製作10份小圓球布里歐什，或一份大圓球布里歐什。用長方形蛋糕烤模則可做成長方形布里歐什。也可將麵團分成需要大小，編成辮子造型或普通圓球造型，或在麵團上用刀子劃幾個刀痕，或用剪刀剪成十字形布里歐什。

2 麵團拉扯成大小圓時，勿扯斷麵團。塞好麵團，才不會在烘烤時膨脹變形，使小圓球掉下來。

3 製作好的布里歐什，分裝放在密封保鮮袋，放入冷凍，食用前一晚再拿出冷藏。烘烤前，烤箱以200℃預熱10分鐘，烘烤5分鐘，布里歐什即可回軟如剛烤好的麵包。

4-8　*Petite brioche à tête*

4-9

晶糖巧克力奶黃餡布里歐什
Brioche à la crème et pépites de chocolat

布里歐什奶油麵包中間包裹上香草奶黃餡和巧克力豆，撒上少許白晶糖烘烤，就是內餡柔軟香甜、略苦的巧克力風味布里歐什。這款麵包以布里歐什布里歐什奶油麵包麵團，加上奶黃餡和巧克力豆的想法，源自葡萄布里歐什或葡萄奶黃餡蝸牛可頌。外型變換，也有不同的名稱，有做成長條狀，中間夾巧克力奶黃餡的瑞士布里歐什（Brioche Suisse），也有麵團混裹上巧克力豆（Pépito），做成圓球狀的薩瓦布里歐什（Brioche savoyarde）。奶油小麵團包裹內餡，撒上巧可力豆，捲起來整齊擺放在蛋糕烤模裡，呈圓形的，是卡拉布雷（Calabrais）。或是做成四角形，麵團單邊切上幾個1公分寬刀痕，如腳趾狀的，則是熊掌麵包（Patte d'ours）等等。

我兒小米最喜歡吃加了晶糖、奶黃餡和巧克力豆的布里歐什，我自己也很愛。對小朋友來說，麵包裡包了軟餡和巧克力豆，是最好吃的早餐麵包和下午茶點心。使用天然酵母和麵粉，不加任何膨鬆改良劑，簡易好製作，就算沒有電動攪拌機，也可以用手做！先混合好酵母水，加入高筋麵粉、蛋、融化奶油，用手混合均勻，蓋上保鮮膜或乾布，使其自然發酵，再整形、包餡、二次發酵、烘烤，就能做出美味好吃的晶糖巧克力奶黃餡布里歐什。

份　　量：10個
難 易 度：★ ★ ☆
烤箱溫度：200℃
烘烤時間：25分鐘

材料

• 1份布里歐什奶油麵包麵團（請參考「3-4布里歐什奶油麵包麵團」）

• 1份奶黃餡（請參考「3-13奶黃餡」） • 150g黑巧克力豆（pépites de chocolat noir）

• 20g白色晶糖（sucre en grains） • 1顆全蛋

....

作法

1　準備好發成兩倍大的布里歐什奶油麵包麵團，用手壓掉空氣後整
　　揉備用。

2　烤盤鋪上烘焙紙備用。

3　奶油麵團分成10等份，一份約55g。

4　用手弓成半圓形。

5　用手將麵團轉圈滾成圓形。

6　用手壓平，成為約11公分的圓形麵皮。

7　舀入一湯匙奶黃餡。

8　放上約15g巧克力豆。

9　用手將麵皮包裹住內餡，並稍微捏緊開口。

10　用手小心抓起包好餡的麵團，放在鋪好烘焙紙的烤盤上。

11　麵團都包好內餡。

12　麵皮部分塗上以全蛋拌均勻的全蛋汁。

13　靜置膨脹至兩倍大，約1～1.5小時。

14　再塗上全蛋汁。

15　在麵皮和巧克力豆上撒上少許晶糖。

16　放入200℃預熱好10分鐘的烤箱烘烤25分鐘。

17　移出烤箱，趁熱或放涼享用皆宜。

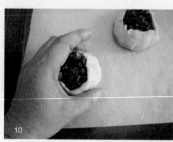

小叮嚀

1　可將麵團擀成約長70公分×寬20公分的麵皮，再鋪上奶黃醬，撒上巧克力豆，
　　滾成圓筒狀後切片。請參考「4-5葡萄奶黃餡蝸牛可頌」，變換造型。

2　步驟5，可用搓湯圓的方式滾圓，滾圓時動作輕巧，勿太大力擠壓麵團。

3　步驟9，可將封口處麵團重疊捏緊成一小O形。烘烤後因熱度張開是正常現象。
　　也可將麵團整個包住內餡，麵團封口朝下倒放在烤盤上，用銳利剪刀在麵皮上
　　剪上小十字，使麵團稍微開口即可。

49   *Brioche à la crème et pépites de chocolat*

法式奶黃餡圓麵包
Tourte à la crème

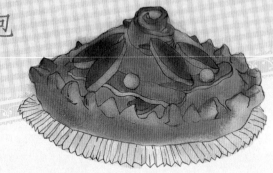

Tourte的配方最早起源於13世紀。同樣外形可製成鹹、甜糕點或麵包。麵皮包入或放入鹹、甜內餡，放在糕點模具或平底烤模中，上面再覆蓋上一層派皮、塔皮或麵皮，封緊包裹製成鹹甜糕點麵包。傳統法式奶黃餡麵包的作法，是在奶油麵團中，包裹內餡壓扁麵團，再撒上白晶糖，烘烤成平扁外觀的扁麵包。這裡的配方作法則捨去入模烘烤程序，製作起來更簡單。若想在外形做成圓餡餅特色，可放入塗好無鹽奶油的小塔模或小型奶油麵包的專用烤模，烘烤定型脫模即可。這款麵包的成品外觀類似絨球麵包（Pompons），為了讓讀者多了解法國麵包的種類和名字，因此在外形上做了區分，並在成品圖與插畫上做了兩種不同詮釋，讓讀者更深入了解法國麵包的種類和名稱。

內餡部分除了包裹奶黃餡外，還可包入各種果醬或奶酥餡。100g無鹽奶油、100g奶粉和80g糖粉混合即是奶酥餡。材料攪拌均勻後放在保鮮膜上鋪平，蓋上保鮮膜放入冰箱冷凍約1小時變硬後，再分成10等份包入奶油麵團中，就是奶酥餡奶油麵包。鋪在麵包上方的奶油糖麵粉若用不完，可將基本功裡學會的蘋果醬，鋪放在瓷製烤盅底部，在蘋果醬表面，均勻撒上奶油糖麵粉，即可變換出另一道糕點。移民美國的法國糕點師傅吉哈（Sébastien Girard），二次大戰期間，被限定使用甜塔製作配方中的麵粉、奶油、糖等所創造的甜點，名為烤蘋果奶酥，又稱金寶烤蘋果酥（Crumble aux pommes），後來傳至英國、加拿大、法國等地而聞名世界。

份　　量：10個

難易度：★★☆

烤箱溫度：200℃

烘烤時間：25分鐘

材料

* 1份布里歐什奶油麵包麵團
  （請參考「3-4布里歐什奶油麵包麵團」）
* 1份奶黃餡（請參考「3-13奶黃餡」）
* 50g無鹽奶油　* 50g細砂糖
* 75g低筋麵粉　* 1顆全蛋　* 20g白色晶糖

作法

1　全蛋放碗裡用茶匙攪拌均勻備用。

2　烤盤鋪上烘焙紙。

3　準備好無鹽奶油、細砂糖、低筋麵粉放在大缽裡。

4　用手或雙掌戳成碎粒狀。

5　放置一旁備用。

6　奶油麵包麵團分成10等份。

7　用手弓成圓形，將麵團滾圓。

8　麵團鋪平成圓形。

9　用湯匙裝入約一匙半奶黃餡。

10 用手抓起麵團，包起封住麵團。

11 翻成正面。

12 放在鋪好烘焙紙的烤盤上。

13 用手壓平麵包表面。

14 刷上蛋汁。

15 靜置膨脹至兩倍大，約1～1.5小時。

16 再刷上蛋汁。

17 撒上自製的奶油糖麵粉或白晶糖。

18 放入200℃預熱好10分鐘的烤箱烘烤25分鐘。

19 移出烤箱。

20 放至涼架，趁熱或放涼食用皆可。

小叮嚀

1　奶黃餡先放至冷藏變硬後，再包入麵皮中，較好製作包餡。

2　包餡時盡量封好麵皮，避免在烘烤中爆漿流出奶黃餡。

3　可放在刷上無鹽奶油的塔模上，不用把麵團分成等份，製作成大形奶油餡餅，烤35～40分
　　鐘，再切塊享用。或直接放在鋪好烘焙紙的烤盤上壓扁，撒上奶油糖麵粉或白晶糖烘烤。

Part 5

法國地方
特色甜點

法國東、西、南、北、中部各地區發展出極富地方特色的知名甜點。

延續上本書，介紹15道最具代表性的地方特色甜點，

讓大家在學習製作的同時，也了解每道糕點的源起和由來。

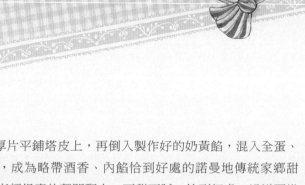

諾曼地蘋果蛋塔
Flan normand aux pommes

法國北部

新鮮蘋果去皮去果核，切成厚片平鋪塔皮上，再倒入製作好的奶黃餡，混入全蛋、砂糖和諾曼地產蘋果烈酒，成為略帶酒香、內餡恰到好處的諾曼地傳統家鄉甜點。這道甜點配方，是法蘭西斯老師得意的獨門配方，不甜不膩，恰到好處！這道蛋塔的內餡和14世紀為法王亨利四世加冕會所準備的蛋塔內餡相同，只是法蘭西斯老師在配方中，多加了糖和全蛋，使內餡更加香濃硬朗。

諾曼地位於法國北方，二次大戰期間，盟軍自沿岸地區登陸作戰，幾次戰役使諾曼地嚴重受創，花了許多年改造重建。沿著諾曼地沿岸幾個城鎮旅遊，可見景觀特殊，還有許多二戰紀念博物館。再往西走一點，就是人人都想朝聖、著名觀光景點聖米歇爾山（Mont Saint-Michel），登上山頂，在建於8世紀的修道院古教堂許下願望，祈禱心願能

1 二戰期間，諾曼地奧馬哈海灘6公里處的奧克角（Pointe du Hoc）是軍事要塞，岸邊設立許多碉堡和防空洞。
2 諾曼地聖母教堂軍事博物館，陳列許多二戰紀念物。

成真。諾曼地土壤肥沃，居民多務農維生，主要生產蘋果，以及蘋果烈酒（Calvados）和蘋果氣泡淡酒（Cidre）。四處可見飼養放牧牛群的農場草原，因此諾曼地也盛產牛奶、牛肉和奶油，以及卡蒙貝爾（Camembert）等知名乳酪。臨海地區則盛產海鮮，特別的是，從諾曼地外海捕獲的新鮮淡菜裡還會夾帶小螃蟹哩。

1.2 諾曼地飛馬橋（Pegasus Bridge）旁的紀念酒吧和軍事紀念館。飛馬橋正翹起直豎起來，讓船隻通行。
3 二戰陣亡戰士紀念碑。

份　　量：6~8人份	
難 易 度：★★☆	
烤箱溫度：200℃	
烘烤時間：1小時	

材料

* 1張甜塔皮（請參考「3-10基本甜塔皮」）
* 1份奶黃餡（請參考「3-13奶黃餡」）
* 2顆全蛋　* 150g細砂糖　* 1湯匙諾曼地蘋果烈酒
* 6顆蘋果　* 少許肉桂粉

作法

1　準備好一份甜塔皮和一份奶黃餡放涼備用。
2　蘋果洗淨去皮去核。

3 切成寬約1.5公分片狀。

4 放在盤子裡備用。

5 烤盤鋪上烘焙紙，放上無底塔模或鋪好烘焙紙的有底塔模。

6 工作檯和甜塔皮撒上少許麵粉。

7 用擀麵棍將塔皮擀成比塔模大一點的大小。

8 用擀麵棍捲起塔皮。

9 鋪在鋪好烘焙紙的無底塔模或有底塔模上。

10 用擀麵棍壓擀一下塔模邊緣的塔皮，去掉多餘塔皮。

11 切片蘋果平均鋪在塔皮上備用。

12 鋼鍋裡放入2顆全蛋，加入細砂糖。

13 加入蘋果酒和少許肉桂粉。

14 攪拌均勻。

15 加入放涼的奶黃餡。

16 攪拌均勻。

17 混好奶黃糖餡，倒入鋪好蘋果的塔皮上至9分滿。

18 放入200℃預熱好10分鐘的烤箱烘烤1小時。

19 移出烤箱放涼，再放冷藏，冰涼後即可享用。

小叮嚀

1 多餘的塔皮可分成3～4小等份，依同樣步驟製作成諾曼地小蘋果蛋塔。

2 步驟10，擀鋪好的塔皮不必用叉子戳洞，可直接鋪上切片蘋果。

3 步驟16，只要稍微混合一下奶黃糖餡即可，切勿攪拌太久，以免打發內餡，烘烤時膨脹過度，影響外觀。

19

Finish ▶▶▶

5-1 *Flan normand aux pommes*

諾曼地蘋果球

Bourdelot normand

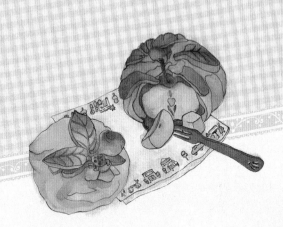

起源於16世紀，法國諾曼地傳統農家甜點。當麥田收割脫穀季節，周遭鄰居都會出動互相幫忙，而農家利用鄰居送來自家出產的蘋果，製作成蘋果球外形糕點，做為晚餐桌上犒賞整日在農地辛苦揮汗的大家。以蘋果為主體，灌入當地出產的蘋果烈酒（Calvados）和肉桂、黃糖，外表包覆一層甜塔皮，烘烤出帶肉桂酒香的諾曼地烤蘋果球。傳統吃法是在出爐後，淋上蘋果烈酒點火燃燒，讓酒味完全融入烤好的蘋果球，或是佐上新鮮奶油，再淋上蘋果氣泡淡酒一起食用。

諾曼地蘋果球（bourdelot）的名字起源於法國西北部下諾曼地（Basse-Normandie）。諾曼地各地和法國其他地方，也各有不同稱法，如：bourdaine、rabote、talibur等。配方中，除了以蘋果製作外，也能以西洋梨來替代，外包甜塔皮或千層酥派皮，包裹內餡換成紅醋栗（groseille）和肉桂粉、黃糖，則名為西洋梨球（douillon），也是諾曼地區地方甜點之一。

| 份　　量：約6~8人份 |
| 難 易 度：★ ★ ☆ |
| 烤箱溫度：200~220℃ |
| 烘烤時間：25~30分鐘 |

材料

- 1份甜塔皮（請參考「3-10基本甜塔皮」）
- 6～8顆蘋果（小蘋果8顆，大蘋果則6顆）　- 20g諾曼地蘋果烈酒（Calvados）
- 20g無鹽奶油　- 2包香草糖粉　- 20g 黃砂糖　- 少許肉桂粉　- 1顆蛋黃液

作法

1　烤盤鋪好烘焙紙，放上蘋果大小、塗上少許奶油的小塔模備用。

2　黃砂糖、香草糖粉放在碗裡。

3　加入少許肉桂粉。

4　用湯匙混合均勻備用。

5　切掉蘋果蒂頭，用去果核刀挖出果核，再切取蒂頭部分約1公分備用，蘋果去皮。

6　蒂頭和去皮蘋果放入盤中備用。

7　甜塔皮分成需要的等份。

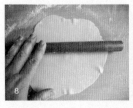 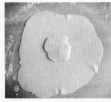 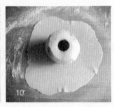

8 工作檯撒上少許麵粉，用擀麵棍將塔皮擀成可包住蘋果大小的薄片。

9 中央放上另一小片壓扁的塔皮。

10 放上蘋果。

11 去核的中空部分裝入半小匙混好的砂糖。

12 放入一小塊無鹽奶油，用手指壓一下奶油。

13 倒入半小茶匙蘋果烈酒。

  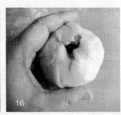 

14 甜塔皮以包摺方式，將少許塔皮先包蓋上蘋果。

15 再摺一小摺塔皮包住蘋果。

16 直到蘋果整個裹住塔皮，稍微整形一下，保留蘋果洞口。

17 放上蘋果蒂頭，小心塞住洞口，盡量不使蘋果核心的填充物溢出。

18 剩下塔皮集中，再重整揉合，分成需要等份，印成花形。

19 在花形塔皮中央，用刀尖戳個洞。

20 花形塔皮穿過蘋果梗，覆蓋住蘋果上方。

21 稍壓一下，放在塗上少許奶油的塔模，放入冰箱冷藏約半小時，使塔皮稍微變硬。

22 拿出冷藏，塔皮上塗上蛋黃液。

23 蘋果上方撒上剩餘的香草黃砂糖。

24 放入220℃預熱好10分鐘的烤箱烘烤15分鐘，火溫調降至200℃再繼續烘烤10～15分鐘，
   待蘋果塔皮均勻烤上色。

25 移出烤箱，裝盤上桌趁熱享用，或放涼冷藏後食用。

5-2 *Bourdelot normand*

小叮嚀

1　去蘋果蒂頭時，可用尖刀在蒂頭上方切個四角形，再用刀尖稍微用力挑挖起蒂頭約1公分即可。

2　塔皮擀越薄越好，若怕擀皮時沾黏工作檯，可多撒點麵粉，再擀塔皮。

3　包裹蘋果時，較不好操作，請小心包摺。

4　步驟17，放上蘋果蒂頭，勿太大力壓下，以免蘋果酒溢出。

5　脫模時，可用小湯匙刮起稍為膨脹沾黏的塔皮，幫助脫模。

5-3

亞爾薩斯黑李塔
Tarte aux quetsches

法國東北

法文又名Tarte aux pruneaux，以亞爾薩斯地區出產的新鮮黑李，和全蛋、糖、牛奶、甜塔皮製成的傳統甜塔。主要材料的新鮮黑李盛產於每年8月底至10月初，德國、奧地利、瑞士等鄰近國家也都是生產地。黑李的德文是zwetsche，亞爾薩斯-洛林地區則稱它為quetsche，外形為長橢圓形，未完全成熟前略酸，成熟後肉質柔軟甜香味濃郁，外皮為暗紫色，類似台灣進口水果中的黑肉李。

黑李的源起，則是13世紀宗教戰爭期間，十字軍東征敍利亞大馬士革時，法蘭克人無法攻下該城，不想空手而歸，就把黑李植株帶回歐洲繁殖。黑李塔若將黑李去核，蛋糕模上撒上一層黃砂糖，鋪上黑李，再覆蓋上純奶油蛋糕麵糊去烘烤，就成為黑李奶油蛋糕（Gâteau aux pruneaux）。法國則是以糕點三大食材糖、全蛋和牛奶混合，加上新鮮去核黑李，烘烤成具有法國東北地方特色的傳統甜點。法國人除了將新鮮黑李做成甜塔外，也製成黑李乾、黑李烈酒、黑李果醬等，有些法國人和亞爾薩斯人習慣在咖啡中加入一茶匙黑李烈酒，搭配黑咖啡一起喝，或在杯子裡放入方糖再倒入黑李烈酒當飯後酒。考量台灣讀者食材取得不易，配方中的黑李改成台灣易見的黑肉李來代替製作，口感稍硬，有別於法國黑李的柔軟，但酸甜好吃，別有一番風味。

◆ 法國大賣場販售亞爾薩斯產的新鮮黑李。

份　　量	6~8人份
難 易 度	★ ☆ ☆
烤箱溫度	180~200℃
烘烤時間	約1小時

材料

• 1份甜塔皮（請參考「3-10基本甜塔皮」）
• 600g 新鮮黑李（約5顆～6顆）　• 80g 細砂糖　• 80g牛奶　• 2顆全蛋

作法

1　準備好甜塔皮備用。
2　烤盤上放塔模，鋪上烘焙紙備用。
3　工作檯和塔皮撒上少許麵粉。
4　用擀麵棍擀平。
5　擀成烤模的大小。
6　擀麵棍放在甜塔皮上方由上往下捲。
7　放在鋪好烘焙紙的塔模上。
8　擀麵棍滾壓一下，去掉邊緣多出的塔皮。
9　用叉子在塔皮上均勻戳洞。
10 放上另一張烘焙紙，稍微壓平塔皮邊緣。
11 放上烘焙石或黃豆壓平底部四周。
12 放入200℃預熱好10分鐘的烤箱烘烤15分鐘。

13 移出烤箱，拿開上方的烘焙石與烘焙紙。

14 新鮮黑李洗淨，用乾布擦乾。

15 對切去核。

16 切成寬約2公分的小片備用。

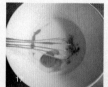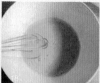

17 大缽中放入牛奶和2顆全蛋、細砂糖。

18 用打蛋器攪拌均勻。

19 倒在甜塔皮上約6分滿。

20 從外圓部分往內，鋪上切片黑李。

21 放入180℃預熱好10分鐘的烤箱烘烤約50分鐘。

22 移出烤箱放涼，拿掉烘焙紙。

23 於冷藏冰涼，塔皮邊緣撒上糖粉裝飾，即可享用。

Tarte aux quetsches

小叮嚀

1 可將黑李塔做成單人小型黑李塔,烘烤時間相對減少,縮短為30～35分鐘。

2 喜歡略帶酒味的內餡,混合蛋奶糖時,可加入少許黑李烈酒或蘭姆酒混合,增加風味。

3 黑李烤熟後,會比新鮮黑李酸,屬正常現象,若喜歡甜一點,可增加20g細砂糖。

黑森林櫻桃蛋糕
Forêt noire

法國東北

以法式巧克力戚風蛋糕為主體,刷上糖水,舖上一層發泡鮮奶油、泡過酒的黑櫻桃和巧克力碎片作裝飾的櫻桃鮮奶油巧克力蛋糕。起源於20世紀初,德國西南部的黑森林(德文Schwarzwald),當地多為森林山脈,盛產櫻桃,製成櫻桃酒(Kirsch),最早的配方是煮熟加了酒的櫻桃,和鮮奶油一起食用。德國南部的黑森林(法文Forêt noire),與法國東北亞爾薩斯省和瑞士接壤,因此黑森林蛋糕也是法國和瑞士中部楚格州(Canton de Zoug)的著名甜點,以薄麵餅當托底蛋糕,裹上鮮奶油、未泡酒的櫻桃和果仁。

至於黑森林蛋糕的配方,據說是由出身德國波昂(Bonn)的糕點師約瑟夫·克雷(Josef Keller),於1915年所創造,然而這個說法並沒有得到證實。還有一說是德國南部杜賓根(Tübingen)的糕點師厄文·希登布蘭德(Erwin Hildenbrand),於1930年所發明。可確定的是,1934年,黑森林蛋糕的配方初次記載於糕點書中,從此風靡整個歐洲,在德、法、瑞士與奧地利等國,更是數一數二的知名糕點。

我曾在法國介紹德國傳統美食的節目中,看到傳統黑森林蛋糕的作法。德國廚師在節目中教了幾個製作道地好吃黑森林櫻桃蛋糕的訣竅,比方,法式戚風蛋糕的可可粉改成融化黑巧克力,混入蛋糕麵糊中,烤成真正的巧克力蛋糕。櫻桃中加入道地櫻桃酒,再

◆ 糕點店櫥窗展示各種造型口味的黑森林蛋糕，有覆盆子、黑櫻桃和紅櫻桃等，引人垂涎。

將泡過櫻桃的櫻桃酒糖水刷在蛋糕上，放上滿滿的櫻桃酒味櫻桃，鋪上厚厚的鮮奶油，再以巧克力碎片裝飾蛋糕外圍，這樣才稱得上是道地的黑森林櫻桃蛋糕。現今的糕點師傅則用黑色巧克力薄片裝飾黑森林櫻桃蛋糕，再鋪上滿滿黑巧克力碎，外觀黑鴉鴉的，彷彿置身於德國黑森林般。舌尖品嘗美味蛋糕，閉上眼睛感受味蕾傳來的滿足感，讓它帶你走一趟德國黑森林夢幻之旅吧！

| 份　　量：6~8人份 |
| 難 易 度：★★☆ |
| 烤箱溫度：180℃ |
| 烘烤時間：20~25分鐘 |

材料
◆ 1份法式巧克力戚風蛋糕
　（請參考「3-5法式巧克力戚風蛋糕」）
◆ 350g無籽黑櫻桃糖水（cerise au sirop）
◆ 25g櫻桃酒（Kirsch）或蘭姆酒
◆ 300g黑巧克力磚　◆ 600g液態鮮奶油
◆ 60g糖粉　◆ 1包鮮奶油發泡粉（fixe chantilly）
◆ 100g熱水　◆ 100g細砂糖　◆ 少許糖粉

作法
1　法式巧克力戚風蛋糕製作好放涼。
2　蛋糕橫切成三等份，取底部與表面
　　兩片放在烤盤或工作檯上備用。

3 碗裡放入100g細砂糖，加入100g熱水，用茶匙攪拌均勻後放涼備用。

4 放有櫻桃的碗中倒入櫻桃酒。

5 用湯匙攪拌均勻浸泡入味。

6 用刨絲板將巧克力磚刨成碎丁，放在大碗裡備用。

7 鋼鍋裡放入冰涼後的液態鮮奶油。

8 放入一包鮮奶油發泡粉。

9 用電動打蛋器以中速攪打5分鐘。

10 加入糖粉。

11 高速繼續攪打。

12 攪打至發泡。

13 至固定不流動、完全打發後，放冷藏備用。

14 浸酒櫻桃留下10顆完整櫻桃裝飾用，其餘用刀切成對半，酒汁倒入放涼的糖水中。

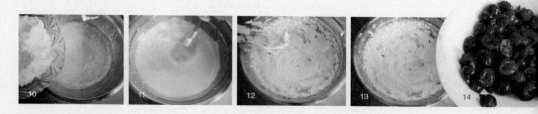

15 用蛋糕刷在蛋糕上方均勻刷上酒糖汁。

16 底座蛋糕舖上一層發泡鮮奶油。

17 放上浸酒櫻桃。

18 再舖上一層發泡鮮奶油。

19 蓋上表面蛋糕。

20 在蛋糕上方與周邊用蛋糕抹刀或刮刀塗上發泡鮮奶油。

21 均勻塗滿。

22 用湯匙舀上巧克力碎。

23 均勻舖滿蛋糕表面和邊緣。

24 用蛋糕抹刀或刮刀從蛋糕底部中央插入,移放至盤中。

25 裝飾黑巧克力片,擠花上蛋糕鮮奶油。

26 放上整顆櫻桃裝飾。

27 取少許糖粉過篩撒在巧克力上。

28 即可上桌或冷藏冰涼後享用。

Finish ▶▶▶

5-4 *Forêt noire*

小叮嚀

1　液態鮮奶油必須放冷藏冰涼，打發泡時才較容易打發成型。

2　鮮奶油發泡粉的作用，是使液態鮮奶油在打發泡時，鮮奶油較易固定成型。

3　剩餘一片巧克力戚風蛋糕，可用保鮮膜包起來放入冰箱冷凍，等下次需要用到糕點製作墊底
　　蛋糕時，提前一天放冷藏，即可用作慕斯的鋪底蛋糕。

4　步驟22，用湯匙舀巧克力碎鋪蛋糕表面，巧克力碎才不易因手溫而融化沾手。

5-5

科茲榛果蛋糕
Gâteau creusois

法國中部

傳說在15世紀，法國中部利穆贊區（Limousin）科茲省（Creuse）的寇可鎮（Crocq）一處舊修道院，整修時發現一張寫著舊式法文的牛皮紙，經過翻譯，上頭記載的是空心磚熟蛋糕（Cuit en tuile creuse）。這張牛皮紙經複製後，目前存放於寇可旅遊中心供遊客觀賞。該地區糕點從業協會理事長安德雷‧拉孔布（André Lacombe），提議科茲當地應該出產具有家鄉特色的糕點，協會成員都贊同此舉。但糕點須制定標準配方，讓當地每家糕點店都能做出相同水準和口味的蛋糕，於是糕點師朗格拉德（M. Langlade）便提議以牛皮紙上榛果蛋糕的古老配方，作為科茲的特色糕點，並命名為 Le Creusois。此配方是祕密配方，只授權給當地協會會員的31家糕點店，並嚴格控管品質。此後，科茲榛果蛋糕開始大受歡迎，名氣越來越響亮。每年當地可販售超過160萬個蛋糕，並從1999年開始，以工廠量產方式銷售全法國，還改名為利穆贊香軟蛋糕（Moelleux du Limousin）或科茲榛果蛋糕（Gâteau creusois）。

以蛋白、糖、榛果和奶油混合製成的科茲榛果蛋糕，未添加任何蛋糕發粉，利用發泡蛋白來膨發主體蛋糕，得低溫烘烤才不會影響蛋糕烘烤後的膨鬆度。放涼後直接食用，或佐英式香草奶黃淋醬享用。榛果蛋糕體少了蛋黃，使得榛果蛋糕輕盈帶有豐富榛果香，簡單清新的口味，很適合夏天享用。

份 量：	約6人份
難 易 度：	★ ★ ☆
烤箱溫度：	180~200℃
烘烤時間：	36~38分鐘

材料

〔榛果蛋糕〕

◆3顆蛋白　◆125g細砂糖　◆2包香草糖粉　◆75g低筋麵粉　◆75g無鹽奶油◆30g整顆榛果

◆20g榛果粉　◆5g無鹽奶油（塗烤模用）

〔英式香草奶黃淋醬〕

◆3顆蛋黃　◆450g牛奶　◆60g細砂糖　◆1根香草棒（或2包香草糖包／5g香草糖漿／3滴香草精）

作法

1　整顆榛果放入200℃預熱好10分鐘的烤箱烘烤6～8分鐘。

2　無鹽奶油放入微波爐加熱30秒，融化備用。

3　蛋黃與蛋白分開備用。

4　烘烤好的整顆榛果移出烤箱放涼。

5　125g細砂糖加2包香草糖粉混合備用。

6　烤模均勻塗上5g無鹽奶油。

7　放在烤盤上備用。

8　放涼的榛果放入塑膠袋中，用鐵鎚敲成細碎狀。

9　放入盤中備用。

10 鋼鍋裡放入3顆蛋白，以電動打蛋器中速攪拌至軟性發泡。

11 分兩次加入混合好的香草砂糖，一邊加入一邊攪拌。

12 轉成高速攪拌。

13 攪拌至硬性發泡。

14 倒入放涼的融化奶油。

15 混合均勻。

16 加入過篩麵粉、榛果粉與榛果碎。

17 用蛋糕刮刀由下往上，順時針方向拌均勻。

18 麵糊刮入塗好奶油的烤模。

19 刮平麵糊的表面。

20 放入180℃預熱好10分鐘的烤箱烘烤30分鐘。

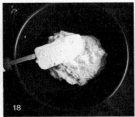
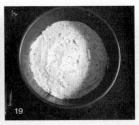

21 深鍋裡放入400g牛奶，香草棒橫切對半，用刀尖刮起香草籽放入牛奶中。

22 小火煮至微溫。

23 鋼鍋裡放入3顆蛋黃，加入60g細砂糖用打蛋器攪拌均勻。

24 加入50g牛奶，繼續攪拌均勻。

25 鋼鍋上放上網篩，倒入煮溫後的牛奶過篩至蛋糊，並攪拌均勻。

26 再將過篩後的牛奶蛋糊，倒回深鍋中。

27 以中火邊煮邊攪拌。

28 直到英式香草奶黃淋醬變濃稠開始沸騰。

29 離火放涼，再放冷藏放涼備用。

30 烘烤好的榛果蛋糕移出烤箱，放涼。

31 脫模，切塊，淋上冰涼的英式香草奶黃淋醬一起享用。

5-5 *Gâteau creusois*

小叮嚀

1　若不想另外準備整顆榛果烘烤敲碎，可以50g榛果粉製作。

2　若用香草精或香草糖粉，可免去過篩步驟，直接攪拌加入溫牛奶混合，再倒回深鍋中煮
　　至濃稠，開始沸騰時離火放涼即可。

3　發泡蛋白混合粉類時，攪拌動作輕巧些，以免蛋白消泡，影響烘烤後的蓬鬆度。

4　喜歡帶有蘭姆酒香的淋醬，可在製作英式香草奶黃淋醬時，加入少許蘭姆酒提味。

5-6

里昂杏仁橙香枕
Coussin de Lyon

16 43年，瘟疫肆虐里昂，市政官誓言守護里昂，組成祈福隊伍，前往里昂西邊富維耶山（Fourvière）的聖約翰小教堂，即今富維耶山聖母院，帶上七斤重宗教儀式用大蠟燭，以及放在絲綢枕上的金幣，一路遊行，虔心祈禱上天能守護居民，早日康復走出陰霾。迄今每年9月8日，里昂仍稟持傳統，在聖母日這天鳴三響禮砲，以示遵守誓願，祈求上天繼續守護里昂人民安康。而每年12月8日開始持續4天的燈節（Fête des Lumières），教堂、公共場所、家家戶戶都會點蠟燭向聖母馬利亞祈禱，保佑眾生安康。而鑲著黃金絲邊的綢枕則啟發創造出杏仁橙香枕，成了里昂享譽全法國的美味糕點。

杏仁橙香枕的創始者，是1897年在里昂開業的巧克力專賣店Chocolatier Voisin。1960年，絲綢商因1643年那場祈福遊行中放金幣的絲綢枕，設計了一種富歷史寓意的絲絨盒子。而Voisin巧克力店受這絲絨盒啟發而創造出這道甜點，內裹藍色香橙甜酒黑巧克力餡，再放進絲絨盒裡一起販售，有了絲絨盒包裝，甜點售價不斐。但放在紙盒販售的橙香枕就平價許多，份量也較多。這道甜點是里昂特產，配方屬商業機密，外人無從得知真正配方為何。我以吃過的感覺和外形來製作，做好的橙香枕放進漂亮硬紙盒裡，繫上緞帶，就是絕無僅有的特別伴手禮，送給親友心意十足。

份　　量：約25個
難 易 度：★ ★ ☆

材料

- 180g杏仁粉　◆ 80g糖粉　◆ 10g水　◆ 70g黑巧克力
- 4滴天然香料濃縮柳橙精（arôme naturel concentré orange）或柳橙香精
- 5g藍色橙香甜酒（curaçao blue，約1茶匙）　◆ 7滴藍色食用色素　◆ 40g液態鮮奶油（crème entière）
- 10g細砂糖　◆ 2滴天然香料濃縮柳橙精（Arôme naturel concentré orange）或柳橙香精

作法

1　準備好細砂糖備用。

2　黑巧克力扳成小塊備用。

3　深鍋裡放入液態鮮奶油煮沸。

4　煮沸的液態鮮奶油倒入巧克力碗中，滴入2滴天然濃縮柳橙精。

5　用茶匙攪拌均勻融化後，放冷藏40分鐘。

6　準備一只鋼鍋，將糖粉過篩。

7　倒入杏仁粉過篩。

8　用湯匙壓磨使杏仁粉過篩成綿密狀。

9　用湯匙將糖粉和杏仁粉攪拌均勻。

10　加入4滴天然濃縮柳橙精、10g水。

11 加入5g藍色橙香甜酒、7滴藍色食用色素。

12 用湯匙攪拌均勻。

13 用手攪拌揉捏。

14 成不黏手的橙香杏仁糖麵團。

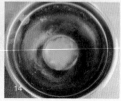

15 工作檯放上一張寬45公分×長60公分的烘焙紙。

16 橙香杏仁麵團放在烘焙紙左邊中央。

17 蓋上烘焙紙在麵團上方，用手掌稍微壓平麵團。

18 蓋上另一張烘焙紙，用擀麵棍擀平。

19 擀成厚約0.3公分、寬約25公分的麵皮。

20 用披薩滾刀橫切成長20公分×寬5公分麵皮。

21 多餘不成形的麵皮整揉一下，再擀平整切完成。

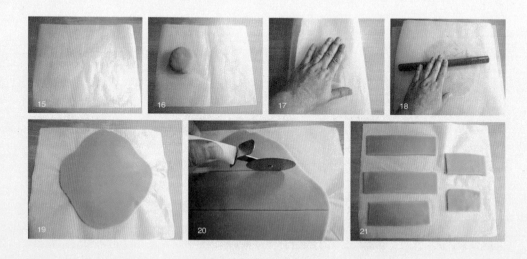

22 拿出冷藏變硬的巧克力餡，用湯匙攪拌混合。

23 用手將變硬的巧克力餡，分幾次捏整成長條狀，放在麵皮中央。

24 所有麵皮都放上巧克力。

25 上方麵皮往下摺，蓋住巧克力。

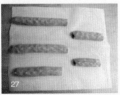

26 用手指稍微壓一下麵皮。

27 下方麵皮往上摺，捏黏封口。

28 用手輕輕滾動一下條狀麵皮。

29 滾至麵皮表面平滑。

30 烘焙紙撒上少許細砂糖。

31 長條狀麵團放在上方滾動一下，
   稍微沾上細砂糖。

32 全部都沾上細砂糖。

33 用刀子切掉兩邊少許麵皮。

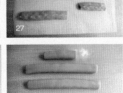

34 紙巾沾上少許水分，擦拭刀上沾黏的巧克力。

35 麵團切成約3公分寬小塊狀，每切一次，擦拭刀上沾黏的巧克力，直到切完。

36 烘焙紙滴上幾滴藍色食用色素。

37 牙籤沾上色素後，稍微在烘焙紙上壓一下，去掉多餘色素。

38 在杏仁香枕糖麵中間，用雙手捏住牙籤輕壓一下。

39 輕壓成一條藍色橫線，直到所有杏仁香枕糖麵都沾上色，即可上桌食用。

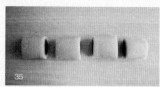

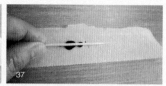

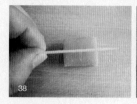

小叮嚀

1 攪拌融化巧克力時，若未完全融化，可在一只大碗裡放入少許熱水，隔著熱水繼續攪拌至巧克力完全融化，再放冷藏。

2 杏仁糖麵中若混入太多藍色橙香甜酒會變苦，若喜歡杏仁糖麵酒味重一些，水的部分可以香橙甜酒（Grand Marnier或Cointreau）代替，混合拌勻。

3 若攪拌後的杏仁香橙糖麵過濕，可再加10克過篩糖粉混合，較不黏手。

4 巧克力內餡冰過後，應是不流動的固態軟狀為佳，若太流動可再冰一下，太硬則在室溫中放軟些再包餡。

5 法國市面上販售的食用色素顏色較淡，需用7滴來製作，台灣食用色素顏色偏重，請自行斟酌，先滴一滴攪拌試色，若顏色不夠，就再滴一滴，以此類推，慢慢調成淡藍綠色為止。

6 沾上色素的牙籤須在烘焙紙上輕壓去掉多餘色素，否則沾糖香枕印色後會暈染，影響外觀。

Coussin de Lyon

法式水果軟糖
Pâte de fruits

起源於10世紀，最初發源地在法國中部奧弗涅區（Auvergne），曾是法國製造水果軟糖的原產區。現在則由東南部沃克呂茲省（Vaucluse）取代，成為水果軟糖的第一產區。法式水果軟糖以去皮去籽的新鮮水果製作，以果汁機或食物處理機攪打成濃稠果泥，加入砂糖和果膠粉低溫煮至濃稠沸騰，再倒入鋪好烘焙紙的烤盤放涼冷卻，待果糖變硬，風乾2～3天，切成小塊，沾上砂糖，就是水果味濃厚的軟糖。五顏六色的水果軟糖裝在精緻小紙盒裡，用透明玻璃紙包裝，綁上漂亮緞帶，很適合拿來送禮。

水果軟糖口味繁多，較常見的是蘋果、杏桃、梅子、柑橘等，也有覆盆子、奇異果、櫻桃、草莓、紅漿果類、西洋梨、葡萄等。蘋果、梅子等水果烹煮後會自然產生果膠，有助於水果軟糖的凝結。有些水果烹煮後則生出較多水分，如櫻桃、草莓、桃子、西洋梨等，須多加些果膠粉來製作。

法國有種水果叫榲桲果（coing），外形像西洋梨和青蘋果，也很適合拿來製作水果軟糖。因為它酸味獨具，加糖烹煮後自然產生果膠，有助凝結，經常與蘋果一起混合製作。水果軟糖中的配角果膠粉（pectine），則是一種天然高分子化合物，主要存在植物中，果膠通常從柑橘果皮中萃取精製，成為黃色或白色粉末狀，具凝結和乳化作用，增加黏稠度，保持水果鮮度，是一種天然的食物添加劑，常用在果醬、果凍、優格、雪糕

等材料裡。台灣一般烘焙材料行或烘焙專賣店可以找到，法國一般大型超市的糕點材料專區，有專門製作果醬、紙盒包裝的果膠粉，我選用Alsa牌的vitpris果膠粉來製作，成品呈現的口感特好。

　　法國巧克力店、大賣場、糕點店都買得到水果軟糖，特別在耶誕節前夕，口味種類繁多，做成迷你水果外形的水果軟糖，或切成小塊狀沾糖的水果軟糖，送禮自用兩相宜。對嗜甜食的法國人來說，它適合配茶當茶點，而對出身亞熱帶的我們來說，法式水果軟糖甜分過高偏甜。因此我在配方中減少一半的糖量，調整成大家能接受的程度，若還是過甜，請在糖的部分斟酌減量，做出適合自己口味的法式水果軟糖。

份　　量：一份約40~50個，此配方約120~150個
難 易 度：★ ★ ☆

材料
- 400g紅漿果（fruits rouges） • 4顆奇異果
- 4顆柳橙 • 2顆檸檬 • 180g果膠粉（Alsa 牌vitpris）
- 600g細砂糖 • 90g細砂糖（沾糖用）

作法
1　準備好三只餅乾鐵盒蓋，或平烤盤和正方形保鮮盒。
2　以鐵盒蓋或平烤盤和正方形保鮮盒大小裁剪烘焙紙。
3　四方角落的烘焙紙摺好備用。
4　碗中準備好50g細砂糖，加入60g果膠粉混合後備用，共需3份。

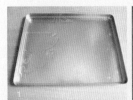

5　兩顆檸檬擠成汁，分成兩等份備用。

6　4顆柳橙擠成汁備用。

7　奇異果去皮切成小丁備用。

8　食物處理機或果汁機放入紅漿果或奇異果（圖8、8-1）。

9　高速攪拌成泥（圖9、9-1）。

10　深鍋上放上網篩倒入紅漿果，奇異果則省略此步驟。

11　用湯匙輔助將汁液過篩入深鍋，奇異果則省略此步驟。

12　果泥汁放入深鍋中（圖12～12-2）。

13　倒入準備好的混合糖果膠粉。

14　用攪拌棒或木棒攪拌均勻。

15　加入150g細砂糖。

16 攪拌均勻。

17 小火熬煮約20分鐘，每隔2分鐘攪拌一次。

18 直到果泥糖漿煮沸開始冒起大小泡泡，繼續攪拌煮2分鐘，離火。

19 倒入鋪好烘焙紙的鐵盤蓋或平烤盤和正方形保鮮盒中。

20 用蛋糕刮刀刮乾淨深鍋裡的果泥，整平果泥表面。

21 依以上步驟重複將三種配方都製作完成，靜置放涼變硬，拿掉烘焙紙，放在涼架上，
   風乾2～3天，使果泥變硬乾燥。

22 盤子裡準備好沾糖用細砂糖。

23 工作檯放上一張烘焙紙，將變硬乾燥的果泥放在烘焙紙上。

24 用刀子先切成約2公分寬長條狀。

25 再切成約2公分寬正方形小塊狀。

26 或用小型印模印成不同造型。

27 切成塊狀的果糖表面均勻沾上細砂糖。

28 即可上桌享用，或放在紙盒中保存。

Finish ▶▶▶

5-7 *Pâte de fruits*

小叮嚀

1 柳橙擠汁後,可取一些果粒一起製作,但記得去除果皮白膜、纖維及柳橙籽。

2 不想一次製作太多,可只做一種口味,單一口味或變換其他水果的配方為:200g細砂糖、
   250g果泥、60g果膠粉、1顆檸檬汁、30g沾糖用細砂糖,奇異果配方則省略檸檬。

3 台灣屬海島型氣候,濕氣較重,建議風乾後的果泥勿全部切塊沾糖,食用前再沾上砂糖,這樣
   沾過糖的水果軟糖較不會潮化變濕而難保存。

4 印模後剩餘的軟糖碎片,可沾點水用手搓成湯圓形狀沾上糖,成圓球狀軟糖。

5-8

嘉年華法式甜甜圈
Beignets de carnaval

法文又稱bugne，以麵粉、蛋、糖為基礎材料，麵團中加入少許蘭姆酒，膨脹後切成小片，高溫油炸再沾上香草糖粉，類似甜甜圈的油炸圈餅。bugne 一字源自於歐語系羅曼語族（arpitan），該語言使用地區有法國東南、義大利、瑞士等地，幾近失傳的方言。法式甜甜圈是法國中南部里昂、隆河谷地、聖德田（Saint-Étienne）及東部弗朗什-孔泰（Franche-Comté）等地的傳統糕點。最早起源於古羅馬時期的義大利，為慶祝狂歡節而做的節慶糕點，後傳入法國。最初配方只混合麵粉、啤酒花和水，再用豬油炸，如今已經過改良。

　　法國每年到了2月的聖燭狂歡節（Mardi Gras），各大賣場和麵包糕點店都會販售法式甜甜圈。而嘉年華會（Carnaval）更是這個基督教節日的重頭戲，各地都會舉行遊行慶祝活動，人人穿著各式各樣五顏六色服裝，扮成小丑、公主、動物等造型，在街頭唱歌跳舞，拋扔彩紙，好不熱鬧。如今已漸漸脫去宗教色彩，變成大型娛樂活動。

1 超市販售包裹果醬的無洞法式甜甜圈。
2 咖啡店櫥窗陳列著各種顏色糖霜和巧克力的美式甜甜圈。

法國中部

◆ 流動式嘉年華遊樂場的各項娛樂設施。每年2月,大家裝扮成不同造型,遊行慶祝一年一度的嘉年華。
（圖片提供:Ricky Su）

　　嘉年華期間,法國各地會有大型流動遊樂場進駐。商家們每兩星期換一次定點,跑遍整個法國鄉鎮做巡迴性的喜年華遊樂場（Fête foraine）,裡頭有鬼屋、電動旋轉汽車、打氣球、吊鴨子、碰碰車、吃角子老虎、迷宮、旋轉木馬等各種遊戲和遊樂設施,在法國兒童學子放連續假日時巡迴擺攤。特殊節慶時,各地流動攤販也賣現炸嘉年華法式甜甜圈,大人小孩都愛吃!剛炸好的甜甜圈軟硬適中,沾上一層薄糖粉,略帶蘭姆酒香,越吃越順口,無法自拔地直往嘴裡塞。一般嘉年華遊樂場的攤販賣的多是原味配方,但也可在麵團裡加入蘭姆酒,或者加入刨絲檸檬皮,增添另一種風味。

份　量:6人份（約50個）
難易度:★ ☆ ☆

材料

〔油炸麵團〕

◆ 300g低筋麵粉 ◆ 2顆全蛋 ◆ 50g無鹽奶油 ◆ 60g細砂糖
◆ 10g新鮮酵母 ◆ 50g牛奶 ◆ 2湯匙蘭姆酒 ◆ 1公升沙拉油

〔沾粉〕

◆ 2包香草糖粉（或10g香草粉） ◆ 50糖粉 ◆ 少許食鹽

作法

1 請依照「3-3油炸麵團」準備好一份油炸麵團，等麵團發酵至兩倍大。

2 工作檯撒上少許麵粉。

3 放上擠壓出空氣的麵團，撒上少許麵粉，擀開。

4 擀成約厚0.3公分×長25公分×寬25公分的正方形。

5 用披薩滾刀橫切。

   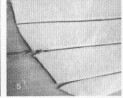

6 成六等份。

7 再分切成寬2.5公分×長4公分的小長方形。

8 小長方形麵團中央切一刀。

9 勿切斷麵團。

10 拉起右上角麵團，穿過洞口後輕壓一下。

11 再拉起左下角麵團，穿過洞口後輕壓一下。

12 稍微將洞口拉開一些。

13 所有麵團以同樣方式穿拉開，靜置20分鐘。

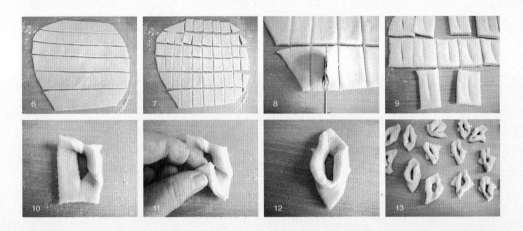

14 深鍋裡放入油預熱。

15 準備一只鋼鍋和網篩,網篩放上糖粉備用。

16 油滾後,放入麵團油炸。

17 油炸至金黃色,翻面繼續讓另一面麵團炸至上色。

18 兩面炸至金黃褐色,用濾勺撈起炸好的甜甜圈。

19 放到準備好的鋼鍋裡。

20 撒上香草糖粉。

21 篩上糖粉。

22 用湯匙攪拌甜甜圈,均勻沾上香草糖粉,即可裝盤享用。

小叮嚀

1 若想將這個麵團製作成一般甜甜圈,可在步驟4將麵團擀成1公分厚,再用印模壓出圓形,中間再用小印模打一個圓洞,讓麵團靜置發酵至兩倍大,再去油炸,就成了一般常見的圓形甜甜圈,可在單面沾上融化巧克力或白巧克力、草莓巧克力做造型。

2 喜歡吃較為蓬鬆口感,可在步驟13完成時,靜置半小時發酵膨脹,油炸後口感較柔軟。

3 想知道炸油是否已經到達適當油炸溫度,可丟一小塊麵團試炸,丟入麵團若沉下去,表示油溫還不夠熱;反之,馬上浮起來即表示已達到適合油炸溫度。

5-8 *Beignets de carnaval*

5-9

不列塔尼傳統奶油餅
Gâteau breton

據說在19世紀末，不列塔尼傳統奶油餅的食譜就已出現在食譜書上。而在此之前的好幾個世紀，不列塔尼人就代代流傳著私家配方，而且是母親傳給女兒。家家戶戶都有各自的祖傳祕方，不輕易外傳。傳統奶油餅的發源地位於我定居的城市洛里昂附近海港，麵包師用雙手將所有材料混合成麵團，在整成的圓形奶油餅上方，繪製上不列塔尼地區特有的花邊頭飾上的滾花樣式，烘烤放涼可保存好一段時間，專賣給航海船員，從此成為水手船員們長期在海上工作時，唯一可解鄉愁和解饞的糕點。

當地的法國阿嬤和媽媽都各自擁有傳統奶油餅的獨門家傳配方，嘗起來風味也大異其趣！以下配方是和我一起健行的法國好友，退休法語老師安妮（Annie）所提供，謝謝她大方分享自家祖傳配方。這道配方簡單易做，讓讀者在台灣也能學到法國祖傳的不列塔尼家鄉好味道！安妮說傳統奶油餅，可一次做好幾個麵團，分次烘烤後放涼，用保鮮膜包好，分裝在密封袋，放冰箱冷凍，食用前一天拿出退凍至常溫即可食用。安妮特別交代，剛烘製好的不列塔尼傳統奶油餅很難吃出奶油香味，建議用紙袋或密封袋包起來放上2～3天，使奶油餅回油後再享用，較能吃出不列塔尼奶油餅的好味道。

◆ 健行隊友正在開心享用安妮家祖傳的不列塔尼傳統奶油餅。

法國西部

材料

* 250g半鹽奶油
* 250g細砂糖
* 400g低筋麵粉
* 6顆蛋黃
* 5g柳橙花精（或蘭姆酒）

份　　量：8人份
難 易 度：★ ☆ ☆
烤箱溫度：190℃
烘烤時間：50分鐘

作法

1　準備一只可脫模的9吋烤模或塔模備用。

2　蛋黃和蛋白分開（5顆蛋黃用於奶油餅，1顆蛋黃塗奶油餅表面）。

3　半鹽奶油切成小塊。

4　奶油放入大鋼鍋裡。

5　放入細砂糖。

6　放入低筋麵粉。

7　加入柳橙精（或蘭姆酒）。

8　用兩手搓揉混合。

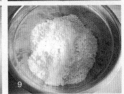

9　成細粉狀。

10　蛋黃用湯匙打散混合均勻。

11　倒入麵粉奶糖中。

12 繼續用手混合均勻。

13 成一個光滑麵團。

14 麵團放入烤模。

15 用手掌壓平麵團上方。

16 用湯匙背撫平餅皮表面（圖16～16-1）。

17 放在烤盤上。

18 餅皮均勻塗上蛋黃液。

19 用叉子背面劃上喜歡的圖案。

20 放入190℃預熱好10分鐘的烤箱烘烤50分鐘。

21 移出烤箱放涼。

22 脫模即可食用。

5-9 *Gâteau breton*

小叮嚀

1 烤模可先塗上少許奶油，烘烤後較好脫模。

2 若無法取得半鹽奶油，可在配方中加6g食鹽，與糖和麵粉一起混合。

3 麵團可分成小等份，烘烤成1人份小型奶油餅，但烘烤時間請調整為25～30分鐘。

4 烘烤過程中，若餅皮太快上色，可用一張鋁箔紙蓋在餅皮上方延緩上色。

5 烘烤後放涼奶油餅，用密封袋裝好放冷凍庫，可保存1～2個月。食用前一天放常溫退冰，
  口感仍似剛出爐般美味可口。一般室溫保存期限則為7～8天。

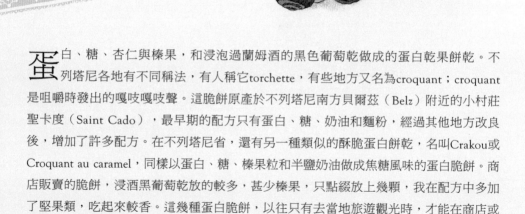

不列塔尼蛋白榛果脆餅
Croquant breton

法國西部

蛋白、糖、杏仁與榛果,和浸泡過蘭姆酒的黑色葡萄乾做成的蛋白乾果餅乾。不列塔尼各地有不同稱法,有人稱它torchette,有些地方又名為croquant;croquant是咀嚼時發出的嘎吱嘎吱聲。這脆餅原產於不列塔尼南方貝爾茲(Belz)附近的小村莊聖卡度(Saint Cado),最早期的配方只有蛋白、糖、奶油和麵粉,經過其他地方改良後,增加了許多配方。在不列塔尼省,還有另一種類似的酥脆蛋白餅乾,名叫Crakou或Croquant au caramel,同樣以蛋白、糖、榛果粒和半鹽奶油做成焦糖風味的蛋白脆餅。商店販賣的脆餅,浸酒黑葡萄乾放的較多,甚少榛果,只點綴放上幾顆,我在配方中多加了堅果類,吃起來較香。這幾種蛋白脆餅,以往只有去當地旅遊觀光時,才能在商店或名產店見到購得,如今拜網路發達之賜,上網訂購就郵寄到府。

與外子剛搬來法國西部不列塔尼定居時,對當地風景區和各地方名產特別有興趣,每到一個地方,總會去名產店逛逛,看看各地著名特產,買回家品嘗。我印象中,初次嘗到蛋白榛果脆餅,是在每年8月初洛里昂舉行為期10天的傳統音樂節。那幾天,居民會穿著傳統服飾,演奏歡唱著不列塔尼傳統音樂,還有許多攤販販賣當地名產和服飾。我們一家三口,當然要去這一年一度地區傳統盛會湊熱鬧。有個販賣名產的攤販前,擺放著略帶褐色的圓形蛋白餅乾,經過攤販時拿了一塊試吃,便喜歡上酒香濃厚、香甜酥脆的

蛋白榛果脆餅！現在學會製作後，我常在家自製這道簡單易做的蛋白脆餅，放在餅乾鐵盒裡，可保存約一個月。但往往是一做好沒幾天，就被外子老米和兒子小米搜刮一空。我也會在訪友時，提前一天製作，將餅乾疊起來，用包裝玻璃紙包好，繫上漂亮緞帶，送給朋友當伴手禮。收過自製蛋白榛果脆餅的朋友都說好吃，要我提供配方給她們。現在你知道配方，是否也想做來嘗呢？來自不列塔尼簡單自然的好味道，保證你一定會喜歡！

◆ 不列塔尼著名巧克力糕餅專賣店Maison Georges Larnicol，陳售用鐵盒、藤籃、塑膠包裝的蛋白榛果脆餅。

材料

◆ 2顆蛋白
◆ 200g 細砂糖
◆ 60g低筋麵粉
◆ 20g整顆杏仁
◆ 50g整顆榛果
◆ 40g黑色葡萄乾
◆ 20g蘭姆酒

份　　量：5cm約30個，7cm約16個，12cm約8個
難 易 度：★ ☆ ☆
烤箱溫度：200℃~220℃
烘烤時間：17~19分鐘

作法

1　烤箱以200℃火溫預熱10分鐘。
2　蛋白與蛋黃分開備用。
3　麵粉過篩後，裝入碗中備用。
4　黑色葡萄乾加入蘭姆酒混合抓一下，
　　靜置20分鐘使其入味備用。

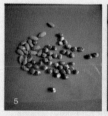    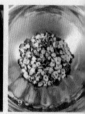

5　榛果和杏仁放在烤盤上。

6　放入200℃預熱好的烤箱烘烤7分鐘，移出烤箱放涼。

7　裝入塑膠袋中，用鐵鎚敲打成碎狀。

8　烤盤鋪好烘焙紙備用。

9　碎堅果放入鋼鍋中。

10　加入糖拌勻。

11　加入麵粉，用打蛋器混合均勻。

12　加入蛋白。

13　攪拌均勻。

14　加入浸泡蘭姆酒的黑色葡萄乾。

15　混合均勻。

16 用湯匙舀入鋪好烘焙紙的烤盤中。

17 用湯匙背稍微整成圓形。

18 放入220℃預熱好10分鐘的烤箱烘烤6分鐘，餅乾著上褐色後，在餅乾上面蓋上
   鋁箔紙繼續烘烤4～6分鐘。移出烤箱。

19 餅乾烘烤膨脹黏在一起時，趁熱用披薩滾刀或刀子切開。

20 餅乾連同烘焙紙移放工作檯上，完全放涼。

21 小心地扳開餅乾，即可裝盤食用。

Finish ▸▸▸

小叮嚀

1 請勿減少糖量，會影響口感與外觀。

2 兩種堅果烘烤後，須完全放涼再行敲碎，若未完全放涼就混合麵粉和細砂糖，會因為堅果餘溫
   使混合的砂糖融化而影響口感。

3 大型餅乾約一湯池量，需烘烤12分鐘，小型餅乾約半湯匙量，需烘烤10分鐘。請在餅乾著色
   後，蓋上鋁箔紙，繼續烘烤至烘烤時間結束為止，再移出烤箱放涼脫模。餅乾若未完全放涼，
   不容易脫模，請放至完全冷卻，再行脫模。

4 一時吃不完的餅乾，可放置鋁鐵盒裡保存，在氣候濕熱的台灣可保存約半個月。若餅乾變軟不
   夠鬆脆，可再放入以100℃預熱好10分鐘的烤箱烘烤15～20分鐘，餅乾即可再度變脆。

5-10 *Croquant breton*

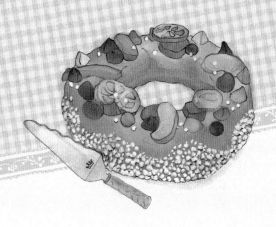

國王皇冠麵包
Gâteau des Rois

法文gâteau意為蛋糕，事實上卻是用布里歐什奶油麵包麵團做成的花環狀麵包，又稱國王皇冠麵包（Couronne des Rois）。奶油麵團加入少許柳橙花精調味，鋪上各式糖漬水果和少許晶糖，製成另一種代表主顯節（l'Épiphanie，1月6日）的傳統節慶糕點，紀念耶穌誕生和東方三賢士首次見到神蹟顯露的日子。這款麵包源自於法國南部普羅旺斯（Provence）和朗格多克（Languedoc），南部德隆省（Drôme）、葡萄牙和西班牙則稱它為La pogne。法國南部在主顯節吃的較多是皇冠麵包，而不是國王派（Galette des Rois），但因糖漬水果價格成本較高，而保存期限較長的卻是國王派，因此在法國各地麵包糕點店，在主顯節這天賣的多是國王派。公元4世紀後期開始，主顯節就是基督教徒的大節日，天主教徒則是到了19世紀後才開始重視主顯節的意涵，在當天慶祝這有意義的傳統節日。國王皇冠麵包的古老配方是在圓餅上塗上蜂蜜，再釀上無花果、紅棗等。在上本書《一學就會！法國經典甜點》中則詳細介紹過國王派（Galette des Rois）和主顯節的歷史由來，法國從14世紀開始在主顯節吃國王派（Galette des Rois）。就像國王派一樣，國王皇冠麵包也在帶有橙花味的奶油麵包中，包裹了聖人造型的小瓷偶，由年紀最小的人藏在桌底下，等大人切分完麵包，藏在桌底下的他可指定哪一份該給誰，等大夥吃完皇冠麵包後，得到小瓷偶的那位，就可以在當天當國王或皇后，戴上皇冠，命令點到名的人為他做任何事，或是得到一個親吻。

法國南部

份　　量：8人份	
難易度：★★☆	
烤箱溫度：180℃	
烘烤時間：25~30分鐘	

材料

- 1份奶油麵包麵團（請參考「3-4布里歐什奶油麵包麵團」，
  並在混合麵團時加入1茶匙柳橙花精L'eau de fleur d'oranger）
- 綜合糖漬水果（1片柳橙皮、1片香瓜、1片紅西瓜、1根綠色糖漬水果）
- 12顆糖漬紅櫻桃　• 20g白晶糖（Sucre en grains）　• 1顆蛋黃汁（1顆蛋黃＋10g水調製）

作法

1　兩個烤盤各鋪上烘焙紙備用。

2　待奶油麵團膨脹至兩倍大。

3　工作檯撒上少許麵粉，放上奶油麵團，在麵團上撒點麵粉。

4　用手掌力量往外推麵團。

5　用手指力量拉回麵團，壓去多餘空氣。

6　麵團分為2等份中型麵團，或8份小型麵團（圖6~6-1）。

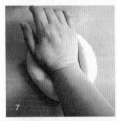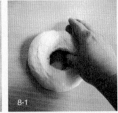

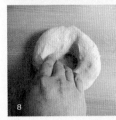

7 用手壓一下麵團中心，壓出一個凹洞，小型麵團則用食指戳一個洞（圖7~7-1）。

8 用手扳開或兩隻手拉開，整成圓形（圖8~8-2）。

9 各放在鋪好烘焙紙的烤盤上（圖9~9-1）。

10 靜置於溫暖通風處，使麵團膨脹至兩倍大，約1~1.5小時。

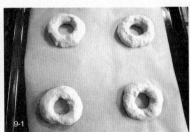

11 蛋黃加入10g水混合均勻備用。

12 綜合糖漬水果切成小丁（柳丁切成
絲，紅櫻桃切對半，其他切成丁）。

13 等麵團膨脹至兩倍大，在麵團上塗上蛋黃汁。

14 在麵團上均勻擺放糖漬水果。

15 撒上白晶糖。

16 撿起掉在烘焙紙上的白晶糖再放在麵團上。

17 放入180℃預熱好10分的烤箱烘烤25～30分鐘
　　（小型麵團約25分鐘，中型為30分鐘）。

18 移出烤箱放至微溫或放涼，即可食用。

小叮嚀

1　步驟4～5推拉麵團時，輕推拉擠出空氣就好，切勿太用力，以免麵團起筋，
　　致使麵團二度發酵時須花費更長時間發酵。

2　步驟13塗蛋黃汁時，先塗一份發酵好的麵團，待烘烤完成，再塗另一份麵
　　團，再裝飾上糖漬水果和晶糖，放入烤箱烘烤。

3　請依照麵團大小，調整烘烤時間。

5-11 *Gâteau des Rois*

聖托佩塔
Tarte tropézienne

聖托佩（Saint-Tropez）是位於法國南部蔚藍海岸的度假勝地，距離馬賽（Marseille）約100公里遠，好山好水風光明媚，是法國和外國有錢人進駐買房定居之處，夏季更湧進許多專程來南部海灘曬太陽的遊客，每到度假時節，沙灘總是一位難求。

聖托佩塔的故事起源是這樣的：1945年，二次大戰遺軍波蘭裔的亞歷山大‧米卡（Alexandre Micka），戰後定居普羅旺斯，在聖托佩市政府廣場旁開了家店，賣披薩、可頌、麵包和波蘭傳統配方製作的奶油蛋糕。當時有劇組正在當地拍攝電影「上帝創造女人」（Et Dieu créa la femme），女主角碧姬芭杜（Brigitte Bardot）、男主角尚路易坦迪釀（Jean-Louis Trintignant），以及導演羅傑華汀（Roger Vadim），在當時都還籍籍無名，誰也沒料到這部片之後會紅遍全球。米卡負責照顧劇組人員三餐，而他做的聖托佩塔是每天被點最多，最受歡迎的一道食物。有一天，聖托佩塔的頭號粉絲碧姬芭杜就建議米卡：「你應該給這奶油蛋糕取個名字，何不叫它聖托佩塔（La tarte de Saint-Tropez）？」最後米卡在1955年為自己的甜點申請了專利和商標，命名為聖托佩塔（La tarte tropézienne）。但聖托佩塔只在當地享有盛名，其他地方卻名不見經傳。1975年，億萬富翁尚巴蒂斯特‧杜蒙（Jean-Baptiste Doumeng）和米卡一拍即合，讓聖托佩塔以冷凍包裝配送全歐洲販售，並大打廣告宣傳，聖托佩塔自此聞名天下。

聖托佩塔以奶油麵包為主體，中間夾裹香草奶油醬，簡單的味道，是當地很受歡迎的特產。至今除了創始的本店外，當地後起的糕點店也吹起聖托佩塔風，嘗試賣這道有名特產，但沒人知道米卡的祖傳祕方！只能憑吃過的感覺去摸索味道。因此，現在聖托佩街上到處販賣的聖托佩塔皆非真品，只有米卡創始的才是「僅此一家，別無分號」的唯一真品。住在聖托佩的友人婆婆說真正的配方，是用三種不同糕點基礎內餡去調和的，有奶油餡、蛋白奶黃餡和奶黃餡，比例多寡無從得知。以下配方是以奶油麵包當主體，內餡是奶黃餡和義大利蛋白糖霜混製的發泡蛋白奶黃餡（Crème chiboust），讓讀者學到聖托佩的作法，也學到法式基礎香草發泡蛋白奶黃餡的作法。若沒時間製作奶油麵包，也可將製作好的香草發泡蛋白奶黃餡，直接填入漂亮的玻璃杯中，均勻鋪上一層果醬或一層新鮮水果，如切片切丁的奇異果、草莓、覆盆子或台灣香甜好吃的芒果丁，再上一層香草發泡蛋白奶黃餡，再鋪一層新鮮水果，就是清爽健康的水果蛋白奶黃餡慕斯杯。

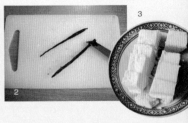

份　　量	：12人份
難 易 度	：★★★
烤箱溫度	：200 ℃
烘烤時間	：小的20~25
分鐘，大的30~35分鐘	

材料

- 1份奶油麵團（請參考「3-4布里歐什奶油麵包麵團」）
- 500g牛奶　　3顆全蛋　　70g細砂糖　　60g卡式達粉（或玉米粉）　　30g無鹽奶油　　25g水
- 4張吉利丁片（或12g吉利丁粉，又稱明膠粉）　　2根香草棒　　100g細砂糖　　20g白晶糖

作法

1　吉利丁片泡在冷水裡泡發（若用吉利丁粉，請放在30g溫水中泡發）。

2　2根香草棒切開後，刮出香草籽備用。

3　無鹽奶油切成小塊備用。

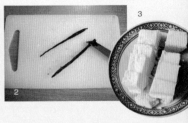

4　蛋黃和蛋白分開，取兩顆蛋黃、三顆蛋白做內餡，另一顆蛋黃加上10g水做成蛋黃水，
　　塗奶油麵包用（圖4～4-1）。

5　深鍋裡放入牛奶預熱。

6　加入香草梗和香草籽。

7　泡發吉利丁，用手擠乾水分。

8　放在小碗裡備用。

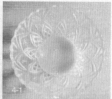

9　大缽裡放入兩顆蛋黃，加入70g細砂糖和卡士達粉（或玉米粉）。

10　煮溫後牛奶過篩至另一個深鍋。

11　倒入少許牛奶至裝有蛋糖粉的大缽。

12　用打蛋器攪拌均勻。

13　再倒入全部牛奶，邊倒邊攪拌。

14　攪拌至均勻。

15　倒回深鍋中。

16　繼續以中火煮，邊煮邊繼續攪拌，以免焦底。

17　直到冒泡變濃稠後，加入泡發吉利丁片，攪拌均勻。

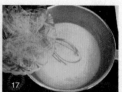

18 再放入切小塊的無鹽奶油。

19 攪拌至均勻，離火放涼。

20 在另一只乾淨深鍋中放入100g細砂糖和15g水，以中火煮滾。

21 用電動打蛋器將鋼鍋中的蛋白打發泡，並留意正在煮沸中的糖水。

22 蛋白攪拌至軟性發泡。

23 糖水煮成濃稠，未著色前離火。

24 邊倒入糖水，邊繼續打發蛋白。

25 攪拌至發泡糖蛋白變涼。

26 將一半發泡蛋白舀入放涼的香草奶黃餡中。

27 用蛋糕刮刀輕輕由下往上，以順時針方向攪拌均勻。

28 再倒至剩下的發泡蛋白鋼鍋裡。

29 繼續輕輕由下往上，順時針方向攪拌均勻。

30 直到完全混合均勻，放入冰箱冷藏備用。

31 烤盤鋪好烘焙紙備用。

32 奶油麵團發至兩倍大，約1～1.5小時。

33 工作檯撒點麵粉。

34 手沾些麵粉，將麵團擠壓掉多餘空氣，麵團推向前方。

35 再用手指力量拉回來，以同樣動作推拉做兩次。

36 麵團分成需要大小等份（中型約2個，小型約12個），稍微滾圓整形。

37 放在鋪好烘焙紙的烤盤上，塗上蛋黃汁，靜置使其膨脹至兩倍大，約1～1.5小時。

38 待麵團膨脹至兩倍大，再塗上蛋黃汁。

39 塗好蛋黃汁的麵團撒上白晶糖。

40 放入200℃預熱好10分鐘的烤箱烘烤20～35分鐘（請依照大小調整烘烤時間）。

41 離火放涼。

42 以鋸齒狀刀子橫切成對半，麵包底部放在烤盤上，沾有晶糖的上半部放一旁。

43 擠花袋中裝入圓形擠花嘴。

44 裝入冷藏過的香草發泡蛋白奶黃餡。

45 在麵包底部上方由內往外擠成一個圓形，外圈部分留約1公分，不要擠滿。

46 全部擠好內餡。

47 蓋上奶油麵包。

48 冷藏冰涼，即可裝盤上桌享用。

Finish ▶▶▶

小叮嚀

1 奶油麵包麵團請事先做好，並抓好麵團發酵製作所需時間。

2 麵團整形塗上蛋黃汁，等待麵團膨脹的時間製作內餡部分。

3 步驟34〜36整形麵團拍出空氣時，稍微整形一下就好，切勿太過搓揉麵團。

4 麵團脹至兩倍大的時間約1〜1.5小時。台灣較炎熱，加速麵團發酵，若麵團在預定時間內已脹
  成兩倍大，即可馬上送入180℃熱預好的烤箱烘烤。

5 請依照麵團大小延長或縮短烘烤時間。

5-12 *Tarte tropézienne*

巴斯克貝雷帽
Béret basque

法式巧克力海綿蛋糕，沾上香橙酒糖水，蛋糕中間夾層和蛋糕表層各抹上一層黑巧克力內餡，並在蛋糕表面均勻撒上黑巧克米，是法國西南部著名糕點。這道甜點源自於法國西南部鄰近西班牙的巴斯克地區，受到傳統農民戴的貝雷帽外形啟發而創作的。貝雷帽是一種平頂圓形的無沿軟帽，以呢絨製成，男女皆可戴。15世紀時，庇里牛斯山區牧羊人戴它來保護頭部，抵禦寒冷和雨水。帽子有白色、褐色、紅色和藍色，每種顏色各有其代表區域。到了19世紀，貝雷帽風行法國民間，以黑色較為流行常見。

貝雷帽也是軍隊或警察的制服之一，甚至是象徵精銳部隊的標誌，如童子軍和美國特種部隊就戴綠色貝雷帽。貝雷帽普遍被認為是男性頭飾，直到20世紀，貝雷帽在時裝界也深受法國女人喜愛，追求時髦的法國女性幾乎都有一頂，來法多年的我也收藏兩頂當配件哩。

法
國
南
部

份　　量：6～8人份	
難 易 度：★ ★ ☆	
烤箱溫度：200℃	
烘烤時間：25~30分鐘	

材料

* 1個法式巧克力戚風蛋糕（請參考「3-5法式巧克力戚風蛋糕」）
* 400g黑巧克力　* 250g液態鮮奶油　* 30g細砂糖　* 50g熱水　* 40g橙香甜酒　* 70g黑巧克力米

作法

1　準備好一個放涼的法式巧克力戚風蛋糕。

2　碗裡放入細砂糖，加入熱水。

3　加入橙香甜酒。

4　攪拌至細砂糖融化，放涼備用。

5　300g黑巧克力扳成小塊備用。

1

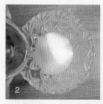

6　深鍋中放入液態鮮奶油煮滾。

7　煮滾後放入黑巧克力。

8　離火，用打蛋器攪拌。

9　至完全均勻，放涼備用。

10 巧克力戚風蛋糕橫切成三片。

11 取底部和上層蛋糕，兩片朝上放在烤盤上。

12 兩片蛋糕均勻刷上橙香糖水備用。

13 另外100g黑巧克力扳成小塊。

14 蓋上包鮮膜。

15 大碗裡放入6分滿水，放入裝有巧克力的小碗，放入微波爐中隔水加熱2分鐘。

16 移出微波爐，拿開包鮮膜，用茶匙攪拌融化，離水。

17 巧克力分成兩份，分別放在塗好糖水的蛋糕上。

18 用湯匙均勻塗在蛋糕表面。

19 待巧克力醬稍微變硬。

20 牛奶巧克力醬稍微變硬，不太流動。

21 三分之一牛奶巧克力放在底部蛋糕上。

22 用蛋糕抹刀或刮刀，在蛋糕上抹成中高外圓的低小山狀。

23 蓋上上層蛋糕。

24 剩下的牛奶巧克力醬全部倒在蛋糕上面。

25 均勻塗抹在蛋糕表層。

26 成一個圓帽狀。

27 蛋糕上均勻撒上黑巧克力米。

28 直到黑巧克力米均勻包裹住巧克力蛋糕為止，稍加裝飾後即可上桌。

小叮嚀

1　剩下一片巧克力戚風蛋糕，可用保鮮膜包起，放入密封袋放置冷凍庫，等下次製作
　　慕斯蛋糕或其他糕點需用到鋪底蛋糕時，即可提前一天拿出冷藏，退凍使用。

2　步驟9融化後的牛奶巧克力，可放冷藏加速變濃稠，較容易塗餡，因太稀的巧克力
　　醬不易固定成型，放冷藏冰約30分鐘，較容易塗抹操作。

3　隔水加熱的巧克力，利用加熱後的水溫熱度，繼續攪拌至巧克力融化，再倒掉水。

4　蛋糕周圍上巧克力米時，較不容易撒上，可將手掌靠近蛋糕，再撒巧克力米，利用
　　彈力使巧克力米碰到手掌後，彈跳沾黏在蛋糕表面上。

5-14

果醬眼鏡餅
Sablés lunettes à la confiture

又名Lunettes de Romans。以麵粉、蛋、糖粉或杏仁粉混合無鹽奶油,成為甜塔皮麵團,擀平印模成眼鏡樣子,再鋪上各種口味果醬烘烤而成,是法國南部德隆省特產。餅乾夾著當地出產的新鮮水蜜桃、杏桃、奇異果製作成的果醬,不僅可以在當地購得,法國各大超市也有陳列販售。

奶油圓餅(Sablé)起源於17世紀羅亞爾河區薩爾特省的薩布雷(Sablé-sur-Sarthe)。當時著名作家塞維涅侯爵夫人(Marquise de Sévigné),以書信方式抒發反映路易十四時代的社會風貌,她在信中提到,同為書信作家的薩布雷侯爵夫人瑪德蓮(Magdeleine de Souvré, Marquise de Sablé),曾帶奶油小圓餅進宮獻給法王路易十四,國王的大胃王兄弟一嘗就欲罷不能,十分喜愛。路易十四便吩咐御廚總管要廚房學會製作這道奶油小圓餅,在早餐時供應,並以薩布雷侯爵夫人之名命名為Sablé。

果醬眼鏡餅主體的奶油餅取自奶油圓餅配方,以兩片印模的奶油餅,在餅皮中央壓兩個小圓洞,中間夾層夾入果醬,再去烘烤,成為外形似眼鏡的果醬奶油餅。傳統外形寬約7公分,長約12公分,呈橢圓形。若找不到這種花形印模,可用厚紙板裁剪成需要大小,加以切割打印,或用自家現成的印模做出不同造型果醬圓餅。

份　　量：約6～7個
難 易 度：★ ☆ ☆
烤箱溫度：200℃
烘烤時間：25分鐘

材料

◆ 1份甜塔皮（請參考「3-10基本甜塔皮」）

◆ 70g帶顆粒草莓果醬　◆ 1顆蛋黃　◆ 少許糖粉

作法

1　準備好一份甜塔皮。

2　厚紙板剪成約寬7公分×長12公分的橢圓形。

3　準備好橢圓形紙板、小圓形塑膠蓋或塔模印模等。

4　烤盤鋪上烘焙紙備用。

5　工作檯與甜塔皮撒上少許麵粉，用擀麵棍擀開。

6　擀成厚約0.5公分的塔皮。

7　放上厚紙板，用刀子沿著厚紙板切開塔皮。

8　或用披薩滾刀切開塔皮。

9　或用塔模印壓塔皮。

10 壓印成14個橢圓形或圓形塔皮，放在工作檯上。

11 用小圓形塑膠蓋，在7份塔皮中央壓成兩個像眼睛的小圓，另外7份不壓印，作底用。

12 待塔皮都準備好。

13 放6份無洞鋪底塔皮在鋪好烘焙紙的烤盤上。

14 用蛋糕刷在塔皮邊緣刷上蛋黃汁。

15 塔皮中央平鋪上約半湯匙草莓果醬。

16 放上打圓洞塔皮。

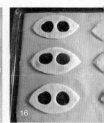

17 放入200℃預熱好10分鐘的烤箱烘烤25分鐘。

18 移出烤箱完全放涼。

19 食用前在餅乾上篩上少許糖粉，即可享用。

5-14 | *Sablés lunettes à la confiture*

小叮嚀

1　可將基本塔皮配方中的糖粉改成細砂糖，並加入30g杏仁粉一起拌勻，增加風味。

2　甜塔皮製作好後，若太軟會黏手不好操作，可放入冰箱冷藏20分鐘，再擀皮印模，
　　較容易操作。

3　整形完剩餘的塔皮，可再搓揉整成圓形，擀成需要的印模厚度，再行印模，多出的
　　餅皮可放入烤箱一起烘烤。

4　塔皮鋪上果醬時，勿放太多，以免烘烤時果醬因熱度而溢出塔皮外。

艾克斯卡里松杏仁餅
Calissons d'Aix

法國南部

源起於15世紀，是法國南部普羅旺斯地區艾克斯（Aix-en-Provence）的傳統名產。12世紀時，義大利有一種卡利松內餅（Calisone），是杏仁和麵粉製成的杏仁糖糕點；13世紀的希臘則有一種以堅果添加各種香料的卡利松尼亞餅（Kalitsounia），類似艾克斯卡里松杏仁餅；而法國南部的艾克斯卡里松杏仁餅則稱為Calissons。根據歷史傳說，15世紀中期，安茹公爵何內（René d'Anjou）為了討即將迎娶的新婚妻子歡心，吩咐廚子精心製作艾克斯卡里松杏仁餅，當個性挑剔、很少笑的妻子珍妮（Jeanne de Laval）嘗過這道精緻可口的杏仁餅後，終於露出珍貴笑容，還脫口而出一句義大利文：「Di calin soun！」（它們很可愛！）

　　以杏仁粉和香瓜乾，或各式水果乾製成略帶柔軟的杏仁果餡，再以橢圓錐狀模子印成小橢圓形，鋪上一層蛋白糖霜，口感有如白雲般柔軟。因製作費時，成本高，售價也不便宜，一小塊杏仁餅要價約20元台幣。配方中的香瓜乾市面上不易尋得，也可用其他果乾，如木瓜乾、鳳梨乾、芒果乾等來製作。小橢圓形印模市面上也很難取得，需特別訂做，我改用刀子切成小四方形，不但不浪費杏仁糖餡，也能保有漂亮外觀。蛋白糖霜則可變化各種顏色，只要在攪打蛋白糖霜時，加入幾滴食用色素，即可成為五顏六色的蛋白糖霜。製作好艾克斯卡里松杏仁餅，放在小鐵盒或紙盒裡，包裝一下，拿來當訪友的小禮物，收禮者開心，送禮的你也會很有面子。

份 量：	約50個
難易度：	★★★
烤箱溫度：	130℃
烘烤時間：	5分鐘

材料

◆ 250g香瓜乾（請參考「3-15香瓜乾」）
◆ 30g糖漬柳橙皮（請參考「3-8糖漬檸檬皮」）
◆ 125g杏仁粉 ◆ 100g糖粉
◆ 15g柳橙花精（L'eau de fleur d'oranger）
◆ 40g水 ◆ 30g蛋白 ◆ 75g糖粉
◆ 1張30公分×30公分米紙

作法

1 糖漬柳橙皮切成小丁放碗裡。
2 香瓜乾切成小丁與糖漬柳橙皮一起放置備用。
3 餅乾鐵蓋鋪上保鮮膜，多出部分包住鐵蓋底背。
4 米紙照鐵蓋大小裁剪成相同大小。
5 米紙放在鐵蓋上方備用。
6 深鍋裡放入杏仁粉和100g糖粉。
7 開小火，糖粉與杏仁粉攪拌均勻。
8 加入柳橙花精和水。

9 　攪拌均勻。

10 杏仁粉與糖粉混合，加入柳橙花精和水變成團狀。

11 繼續以小火攪拌約3分鐘。

12 直到杏仁糖不黏手為止，離火。

13 杏仁糖放入電動食物處理機。

14 放入香瓜乾和糖漬柳橙皮。

15 蓋上電動食物處理機蓋子。

16 以高速攪拌。

17 至完全混合成稍硬的軟泥狀。

18 用刮刀刮入鋪好米紙的餅乾鐵蓋中。

19 盤子裡放上少許水，刮刀沾點水。

20 先用手將混好的杏仁糖鋪平在鐵蓋上。

21 再用刮刀慢慢推平。

22 至蓋滿整個鐵蓋，靜置一晚，使杏仁糖表面變乾燥。

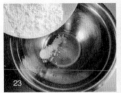

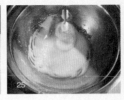

23 鋼鍋裡放入30g蛋白，加入75g糖粉。

24 以低速攪拌均勻。

25 再以高速繼續攪拌約4分鐘。

26 蛋白糖霜攪拌成蓬鬆狀。

27 蛋白糖霜倒入放置一晚乾燥的杏仁糖上方。

28 用刮刀撫平表面和四個角落。

29 再靜置1.5小時，待發泡蛋白糖霜稍為乾燥，拉起兩邊保鮮膜脫模。

30 烤盤鋪上烘焙紙。

31 以小型花形鐵模或塑膠模壓印，用手頂一下杏仁糖底部，小心脫模，放在鋪好烘焙紙的烤盤上（圖31～31-2）。

32 或用刀子橫切成寬約2公分的長條狀。

33 再切成正方形小塊狀。

34 蛋白糖霜沾黏刀子，準備一條乾淨布巾沾些水，切過糖霜的刀子在布巾上擦拭一下，再繼續切。

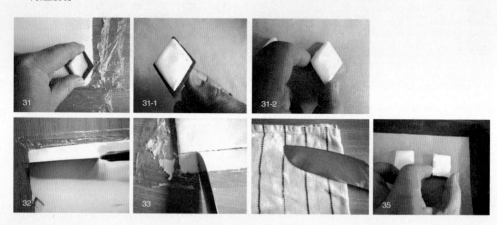

35 小心將切好的方塊狀杏仁糖放在鋪好烘焙紙的烤盤上。

36 直到全部切完為止。

37 放入以130℃預熱好的烤箱烘烤5分鐘，使蛋白糖霜完全乾燥。

38 移出烤箱放涼後即可享用，或放入紙盒或餅乾鐵盒裡放陰涼處保存。

Calissons d'Aix

小叮嚀

1 用食物處理機攪拌的杏仁香瓜乾可高速攪拌一分鐘，打開蓋子用刮刀刮整一下，再蓋上蓋子
   繼續攪拌一分鐘，重複動作，直到杏仁果糖攪拌均勻成稍硬軟泥狀為止。

2 蛋白糖霜塗抹在杏仁糖上方，待一個半小時，即可切成小塊。若放置太久，蛋白糖霜表面變
   硬，切塊時表面會龜裂不成形，影響外觀。

3 若找不到米紙可省略，以烘焙紙鋪底代替，並省去鋪保鮮膜步驟。

4 不建議用印模方式來定型，因印模定型會損失浪費許多杏仁糖，切塊則可保留所有杏仁糖，
   不會浪費。

Part 6

法國人午茶飯後
必嘗甜點

收錄10款法國家庭和民眾最喜歡最常吃的家常甜點。

依照書中的製作方法和配方，

在家就能輕鬆做出法國人日常生活最受歡迎的家常糕點，

與法國人同步享受這令人齒頰留香的家常好味道。

焦糖香草米布丁
Riz au lait caramélisé

原始配方起源於羅馬人，加羊奶一起烹煮作為藥用配方。法國則在14世紀時，開始從國外進口大米，而有本寫給主婦看的生活指南書*Le Ménagier de Paris*，就出現用大米當食材的烹飪食譜。米布丁的主要材料大米多產於亞洲、南美洲和非洲等地。亞洲產的大米多為白色圓米、長米和糯米，而台灣、中國、日本等產圓米，泰國、印度則為長米。歐洲諸國和法國南部也在引進大米後開始耕種生產。

焦糖香草米布丁從20世紀開始風行，頗受法國人民喜愛。法國超市裡，在陳列冷藏優格、布丁、法式焦糖烤布蕾等各式甜點的展示櫃上，就可見到米布丁包裝成小杯狀販售，有的是小玻璃瓶裝，有的則是鋁箔小圓桶外形，一人份的包裝很受歡迎。米布丁是法國家庭主婦最拿手得意，經常製作的家常甜點，做好後放在大缽裡，想吃多少盛多少，再淋上焦糖，大人小孩都愛吃。

亞洲人常吃的糯米，不適合拿來製作米布丁，因為糯米經烹煮後，黏度較高，比較適合製作中式糕點。法國主婦以大米和牛奶，加上肉桂條或香草、糖，一起文火慢燉，熬煮成像八寶粥的家庭甜點。亞洲、美洲或法國、歐洲各國，都各有製作米布丁的方式和吃法，寒帶地方和亞洲喜歡熱食米布丁，而法國則喜歡冰涼後再吃。

材料

* 1000g牛奶
* 50g 圓米
* 50g細砂糖
* 1根香草棒
* 30g蘭姆酒
* 30g黑色葡萄乾　* 50g水　* 約100g焦糖漿（請參考《一學就會！法國經典甜點》「3-15焦糖漿」）

作法

1　碗裡放入黑色葡萄乾，倒入蘭姆酒。
2　用手搓揉一下，靜置入味備用。
3　香草夾對切，用刀尖刮起香草籽備用。
4　準備一只深鍋，倒入水。
5　再倒入700g牛奶，以中火煮熱。
6　放入香草籽和香草夾。
7　等待牛奶煮沸，放入細砂糖。
8　用木棒或湯匙攪拌至糖完全融化。
9　香草糖牛奶過篩至另一只深鍋中。
10　再將牛奶倒回原來深鍋。

11 牛奶繼續煮滾，倒入圓米。

12 以中火邊煮邊攪拌。

13 牛奶開始沸騰起泡，繼續煮，每2～3分鐘攪拌一下，以免黏鍋底。

14 繼續煮約40分鐘，加入葡萄乾和剩餘牛奶，轉小火繼續攪拌熬煮。

15 再繼續煮約40分鐘離火。

16 即可裝盤，熱食或冷卻放涼淋上焦糖漿一起享用。

小叮嚀

1 步驟4，水倒入深鍋，是避免牛奶直接倒入深鍋煮沸時，容易沾鍋。少了這道步驟，烹煮時較容易焦底。

2 若是烹煮完成而米粒仍未熟透，可以再加些牛奶，繼續煮至完全熟透收汁。

3 可以用電鍋先煮熟圓米，再和香草牛奶一起烹煮。這時牛奶可以減量至600g，烹煮時間減為40分鐘。蘭姆酒葡萄乾在烹煮剩下10分鐘時加入即可。

4 可變換成其他口味，如椰奶、肉桂或可可亞等。若黑葡萄乾換成台灣出產的龍眼乾，就是具台灣風味的龍眼乾米布丁。

5 焦糖漿作法：深鍋裡放入125g細砂糖和35g水，以中火煮至滾沸，滴入幾滴白醋或檸檬汁，煮至變焦糖色後，加入40g熱水，這時糖漿會滾沸起泡，請立即攪拌混合均勻，即是焦糖漿。

6-1 *Riz au lait caramélisé*

迷你焦糖巧克力塔
Tartelette au chocolat caramel

巧克力的主要原料為可可豆，起源於中南美洲。16世紀前除了中南美洲以外，並沒有人知道它的存在，直到進口到歐洲，被當作藥材引入法國。最早流行飲用熱巧克力的歐洲國家是西班牙，法國第一次出現可可豆則是在1615年，法王路易十三與西班牙國王菲利普三世之女安妮的婚禮上，他們是在法國西南部近西班牙的巴約納城（Bayonne）成親。可可豆經由發酵、烘烤、研磨成液態可可汁，或製成粉狀的可可粉，而可可中的脂肪再經過加工，添加糖和不同香草、香料，混製成可可味濃厚的甜味飲品或各種口味的固狀巧克力。巧克力含有許多豐富的礦物質，如鎂、鉀、維生素A和可可鹼，而可可鹼有提神醒腦的作用，幾世紀以來在中南美洲和歐洲國家都拿來做醫療用途，可防止及紓緩腹瀉，治傷風，抗憂鬱，降低血壓等。

* 法國巧克力專賣店展售琳瑯滿目各種口味的巧克力禮盒。復活節和情人節時更擺出各種大小的巧克力蛋和心形巧克力。（圖片提供：羅淑宴）

法國人喜歡喝熱可可（俗稱熱巧克力），更愛吃巧克力。巴黎市區到處可見糕點麵包店和巧克力專賣店林立，法國人對巧克力的鍾愛，也廣泛運用在糕點製作上，如巧克力糖果、餅乾、蛋糕慕斯、冰淇淋、甜塔等。一到情人節、復活節、耶誕節等代表性節日，都會買巧克力盒來自用或送人，是聚餐訪友的最佳伴手禮，也是配咖啡的最佳良伴！

這道焦糖巧克力塔是法國人最喜歡的甜塔之一！不需要特殊的食材，就能端出法國人的最愛。一般法國家庭製作的巧克力塔多為大型巧克力塔，糕點店則多販售單人吃的巧克力塔，以黑巧克力為內餡，苦甜中略帶焦糖味，肯定能吸引喜愛巧克力的人食指大動。

份　　量	：約40個
難 易 度	：★ ★ ☆
烤箱溫度	：200 ℃
烘烤時間	：小塔20分鐘
	中塔或大塔25分鐘

材料
◆ 1張甜塔皮（請參考「3-10甜塔皮」）　◆ 80g細砂糖　◆ 20g水
◆ 125g液態鮮奶油（常溫）　◆ 200g黑巧克力　◆ 35g半鹽奶油

作法
1　黑巧克力扳成小塊備用。
2　半鹽奶油切成小塊備用。
3　準備一份甜塔皮。
4　烤盤上放好矽膠耐溫小烤模備用。
5　準備好40個剪成小圓形的烘焙紙備用。
6　塔皮擀成0.3公分厚。

7 用餅乾印模壓一下，印成花狀小圓形塔皮。

8 放在矽膠模具中。

9 用手指稍微壓一下成凹槽狀。

10 用叉子戳幾個洞。

11 塔皮鋪上剪好小圓形烘焙紙並整壓一下。

12 用茶匙舀入烘焙豆或黃豆。

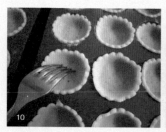

13 送入以200℃預熱好的烤箱烘烤20分鐘。

14 移出烤箱，拿掉烘焙紙、烘焙豆或黃豆，放涼備用。

15 深鍋裡放入細砂糖和水。

16 以中火煮滾。

17 至轉為焦糖色。

18 加入常溫液態鮮奶油，此時糖和液態鮮奶油混合時，會冒出很大蒸氣。

19 用打蛋器急速攪拌均勻。

20 加入切成小塊的半鹽奶油，攪拌均勻。

21 加入扳成小塊的黑巧克力。

22 混合均勻。

23 離火。

24 用湯匙舀入或直接倒入約9分滿至烤好放涼的甜塔中。

25 靜置放涼或放冷藏約1～2小時，讓巧克力完全凝固，即可脫模盛盤享用。

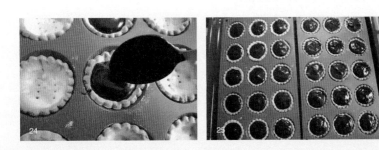

Finish ▶▶▶

6-2 *Tartelette au chocolat caramel*

小叮嚀

1 台灣不易找到半鹽奶油，可加入2g食鹽和細砂糖一起混合水煮滾。

2 若沒有迷你矽膠烤模，可用小塔模、中型或大型塔模來代替。塔模上須塗上少許奶油或鋪上烘焙紙，再放上塔皮，再鋪上另一層烘焙紙，放上烘焙豆或黃豆，烘烤時間則以塔模大小調整烘烤時間，待甜塔皮完全烘烤熟透。

3 更換塔模也請隨塔模大小、厚度擀成塔模形狀來烘烤。

4 剛煮好的液態焦糖黑巧克力可直接舀入烤好的塔皮裡。但請待完全放涼冷卻，再放入冰箱冷藏凝固，或靜置室溫自然凝固成形。

6-3

法式乾果脆餅
Croquant aux fruits secs

原始配方起源於18世紀的維拉黑家族（Villaret），以麵粉、糖、水為主要材料，加入柳橙花精、檸檬汁和整顆杏仁製作而成。至今在法國各地，尤其是南部，都有其不同配方，是富地方風味特色的法式脆餅。

這款乾果脆餅呈細長片狀。法國西南部的製作方式，是將基本材料，加上各式乾果和糖漬水果混合，加以烘烤。而南部普羅旺斯生產的法式乾果脆餅，則加了蜂蜜、杏仁或薰衣草香味。南部大城馬賽則是以杏仁和黃糖混合麵粉糖，因其脆硬度有「斷齒」（Casse-dents）之虞而聞名。另外，法國南部卡龐特拉（Carpentras）的配方還加入橄欖。以下的配方，則加了整顆杏仁和榛果、糖漬水果，吃起來有著堅果香，並帶有糖漬水果甜味。雖不至於讓你食用時有斷齒之虞，但也請在製作時，特別留意烘烤時間，若不小心烘烤過久，脆餅會變成硬餅，口感不佳外，還可能會斷齒呢！如果真的不小心烤太久，餅乾過硬，建議你泡壺茶，或煮杯咖啡，將脆餅沾著茶或咖啡一起吃，就不會這麼乾硬難入口了。

份　　量：	約28~30個
難 易 度：	★ ★ ☆
烤箱溫度：	180℃
烘烤時間：	45分鐘

材料

◆ 300g低筋麵粉　◆ 100g細砂糖　◆ 100g無鹽奶油

◆ 100g牛奶　◆ 1顆全蛋　◆ 5g蛋糕發粉或泡打粉　◆ 2包香草糖粉

◆ 100g糖漬水果（整顆紅櫻桃、糖漬柳橙皮、香瓜皆可）

◆ 25g整顆杏仁　◆ 25g整顆榛果　◆ 25g黑色葡萄乾

◆ 25g去皮整顆開心果仁

作法

1　糖漬水果切成小丁，櫻桃切對半備用。

2　無鹽奶油切成小塊放軟備用。

3　全蛋去掉蛋殼，用湯匙攪拌均勻備用。

4　鋼鍋放入低筋麵粉、香草糖粉、細砂糖。

5　加入蛋糕發粉或泡打粉。

6　加入切成小塊放軟的無鹽奶油。

7　用手將全部的材料混合均勻。

8　在奶油糖麵粉中央挖個洞。

9　倒入牛奶。

10　倒入混好的全蛋汁。

1

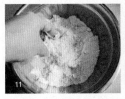

11 用手將蛋奶麵粉混合。

12 攪拌成稍微沾手的軟麵團。

13 放入乾果。

14 放入切小丁的糖漬水果和櫻桃。

15 準備兩張烘焙紙在工作檯上，在烘焙紙上撒上少許麵粉。

16 麵團分成兩等份，分別放在撒上麵粉的烘焙紙上。

17 烘焙紙包裹住麵團，滾成寬約6公分，長約20公分，高2～2.5公分的長條狀（也可用手滾成長條狀，但會稍微黏手）。

18 烘焙紙往下滾摺。

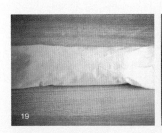

19 再往下滾一圈包裹住麵團，並將旁邊多出的烘焙紙往內摺。

20 放在烤盤或盤子上，放入冰箱冷藏1小時。

21 烤盤鋪上烘焙紙備用。

22 麵團在冷藏50分鐘後，烤箱以180℃溫度預熱10分鐘。

23 從冰箱拿出麵團，去掉烘焙紙，放在鋪好烘焙紙的烤盤上，放入預熱好的烤箱烘烤30分鐘。

24 麵團表面稍微上色後，移出烤箱放涼。

25 等完全冷卻後，麵團用鋸齒狀蛋糕刀切成1公分寬片狀。

26 小心將第一次烘烤後半熟片狀的乾果脆餅，放在原來鋪有烘焙紙的烤盤裡。

27 再放入180℃預熱好10分鐘的烤箱烘烤15分鐘。

28 移出烤箱，放涼，裝盤食用。

小叮嚀

1 麵團在第一次烘烤約20分鐘時，麵團表面會稍微裂開，屬正常現象。

2 第一次烘烤後的半熟麵團，切片時須用蛋糕專用鋸齒刀切片，並用手固定住麵團，切片時不
　 能一刀切下，得以鋸木方式拉切麵團，這樣外形才平整，且較不易切斷切碎。

6-3 *Croquant aux fruits secs*

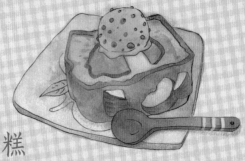

6-4

軟綿蘋果蛋糕
Gâteau moelleux aux pommes de grande mère

法國各地都出產蘋果，但北部諾曼地和西部不列塔尼是盛產地。因此，這兩個地區各自擁有製作方法、風味各異的蘋果酒！諾曼地是以蘋果為原料，蒸餾成蘋果蒸餾酒（Eau-de-vie calvados），不列塔尼區則是把蘋果釀製成蘋果氣泡淡酒（Cidre）。

一直以來，蘋果經常被西方國家拿來入菜或做成甜點。而法國人家，只要擁有大坪數花園，都會在自家庭院種植一兩株蘋果樹，或其他果樹。還會把自家生產的天然蘋果做成蘋果泥、果醬，也做成菜餚和糕點。這裡就教大家做法國阿嬤伊芙特（Yvette）的家常軟綿蘋果蛋糕。阿嬤的家傳配方帶有法國媽媽的家常味道，雖然沒有華麗外觀，但絕對好吃，令人回味！

提供這道配方的伊芙特阿嬤說，喜歡香草或蘭姆酒的人，可加入10g香草糖粉或蘭姆酒在蛋糕糊中，這樣就成了香草軟綿蘋果蛋糕。另外，伊芙特還特別提供另一道加了新鮮奶油做成的軟綿蘋果蛋糕配方，材料有3顆蘋果、3顆全蛋、250g細砂糖、250g低筋麵粉、200g新鮮奶油（或液態鮮奶油）、1包香草糖粉、10g蛋糕發粉、1包鏡面果膠粉，依照以下步驟，放入180℃預熱好的烤箱烘烤45分鐘，移出烤箱，馬上在烤好的蛋糕上覆蓋一層鏡面果膠糖水，使蛋糕更加明亮動人，就是另一道香草風味，口味較甜的家常軟綿蘋果蛋糕。她衷心希望她提供的這兩道簡易家傳配方，能受到台灣朋友喜愛。

材料

- 3顆蘋果
- 5顆全蛋
- 160g細砂糖
- 40g黃砂糖
- 90g無鹽奶油
- 200g低筋麵粉
- 10g蛋糕發粉

份　　量：6~8人份
難易度：★★☆
烤箱溫度：200℃
烘烤時間：25~30分鐘

作法

1 無鹽奶油放入微波爐加熱1～2分鐘成液態狀，放涼備用。

2 黃砂糖和60g白砂糖混合備用。

3 低筋麵粉加入蛋糕發粉。

4 過篩備用。

5 蘋果去皮去核，切成長條片狀。

6 可脫底的烤模上，用蛋糕刷沾上少許融化奶油，均勻塗滿烤模。剩餘的融化奶油備用。

7 平底鍋中加入兩種糖，以中火加熱。

8 讓糖自然融化不要攪拌，可左右搖晃平底鍋，使糖融化。

9 當糖完全融化成焦糖狀。

 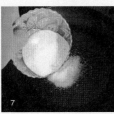 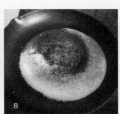 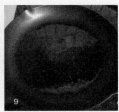

10 放入切成長條片狀蘋果。

11 稍微拌炒直到蘋果出汁，焦糖完全融化，放至一旁備用。

12 大缽裡放入100g糖和5顆全蛋。

13 用打蛋器攪拌2分鐘，直到混合均勻。

14 加入融化放涼的液態無鹽奶油攪拌。

15 加入過篩後的粉類。

16 混合均勻。

17 倒入焦糖蘋果。

18 用蛋糕刮刀攪拌。

19 直到完全拌勻。

20 倒入塗好油的烤模裡。

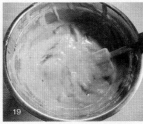
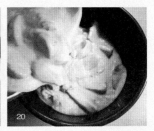

21 放入以200℃預熱好的烤箱烘烤25～30分鐘。

22 移出烤箱放至微溫或放涼。

23 刀子沿著烤模劃一圈，脫模。

24 即可上桌享用。

Finish ▶▶▶

小叮嚀

1　步驟11，剛拌入蘋果時，焦糖會稍微結塊，這是正常現象。等蘋果預熱出汁後，
　　以小火慢慢融化塊狀焦糖，直到焦糖融化成液態即可離火。

2　要知道蛋糕是否完全熟透，可插入筷子或竹籤，拔出後若還沾黏麵糊，即表示未
　　熟透；若已完全熟透，拔出筷子或竹籤應是乾淨不帶麵糊。

3　烘烤時間未到，蛋糕表面已著色太深，可放一張鋁箔紙在蛋糕模上方隔熱，使蛋
　　糕表面不至烤焦。

6-4 *Gâteau moelleux aux pommes de grande mère*

糖漬水果蛋糕
Gâteau aux fruits confits

古羅馬時期就已有利用石榴子、松子、葡萄乾,以及大麥搗碎混合的蛋糕配方。中世紀則添加蜂蜜、香辛料、醃漬水果來製作水果蛋糕,此時期天主教會禁止信徒製作料理時使用奶油,直到15世紀,教皇英諾森八世(Innocent VIII)批准解禁奶油可用於料裡、糕點和麵包上。16世紀,美洲殖民地發現高濃度的糖可以保持水果原味,並延長保存時間,因而創造出糖漬蜜餞水果,找到保存新鮮水果的方式,水果蛋糕從此開始流行起來。法國和歐美等地,各有其具地方特色的糖漬水果蛋糕。而到了耶誕節,法國媽媽除了製作木柴蛋糕,也會提前一週做傳統風味混入蘭姆酒或白蘭地的糖漬水果蛋糕,用保鮮膜包好,再放入密封袋,等蛋糕中的奶油回油後再吃,嘗起來酒香更濃,蛋糕也更綿密香甜。

本書Part3的基本功中,有教糖漬檸檬的作法。除了檸檬,台灣有許多水果都可以製作成糖漬水果,例如柳橙皮、西瓜的白肉部位、綠香瓜及不甜的底部等,用200g糖加上100g水煮至約106℃,糖水大滾後繼續煮8分鐘,再裝入玻璃瓶密封保存。當要做糖漬水果蛋糕,或本書中另一道用上糖漬水果的國王皇冠麵包時,就可拿來切丁切絲製作。另外,教讀者另一道水果風味的檸檬或香橙奶油蛋糕,將糖漬檸檬皮或糖漬柳橙皮,取三小片切成細絲,與20g新鮮檸檬汁或柳丁汁,一起混入奶油蛋糕基本麵糊中,經過烘焙,就成了帶檸檬味或橙香的奶油蛋糕。

份　　量：約6人份
難 易 度：★ ☆ ☆
烤箱溫度：200℃
烘烤時間：45~50分鐘

材料

◆ 100g 無鹽奶油　◆ 130g細砂糖　◆ 2顆全蛋　◆ 40g牛奶　◆ 5g蛋糕發粉或泡打粉　◆ 200g低筋麵粉

◆ 30g金色葡萄乾　◆ 40g黑色葡萄乾　◆ 70g綜合糖漬水果　◆ 12顆紅櫻桃　◆ 2湯匙蘭姆酒

作法

1　金黑兩色葡萄乾加入2湯匙蘭姆酒。

2　用手抓一下混合入味，靜置備用。

3　剪一張烤模大小高度的烘焙紙。

4　依照烤模底部大小寬度用剪刀斜剪，再依相同方式剪另一邊。

5　烘焙紙鋪入烤模中，摺一下四角的烘焙紙。

6　放至烤盤上備用。

7　綜合糖漬水果切成小丁。

8　兩顆全蛋去殼放入碗中。

9　無鹽奶油放入微波爐加熱約1分鐘融化備用。

10 低筋麵粉和蛋糕發粉過篩。

11 另一只鋼鍋放入細砂糖，加入融化奶油。

12 用電動打蛋器或一般手持打蛋器攪拌。

13 攪拌均勻。

14 加入2顆全蛋。

15 繼續攪拌均勻。

16 倒入牛奶，繼續攪拌至細砂糖完全融化無顆粒狀為止。

17 加入過篩粉類。

18 攪拌均勻。

19 倒入浸泡過蘭姆酒的葡萄乾和切小丁的綜合糖漬水果。

20 用蛋糕刮刀攪拌均勻。

21 舀入鋪好烘焙紙的烤模。

22 用刮刀撫平麵糊上方。

23 麵糊上均勻輕擺上整顆糖漬櫻桃。

24 放入200℃火溫預熱好10分鐘的烤箱烘烤45〜50分鐘。

25 離火，烤模前後邊緣用小刀各劃一刀，使烤好沾黏的蛋糕脫離烤模。

26 拉起烘焙紙和烘烤好的蛋糕，放涼即可享用。

小叮嚀

1 烤模若不鋪烘焙紙，可於烤模四周均勻塗上10g無鹽奶油代替。

2 步驟16，想知道細砂糖是否完全融化，可用手指去沾捏一下糖奶糊，摸起來不再有顆粒狀，即表示已完全融化。

3 泡過葡萄乾的蘭姆酒，可一起拌入蛋糕糊中，增加蛋糕風味。

4 想知道蛋糕是否已經完全烘烤成熟，可用小刀尖或筷尖插入蛋糕中央，拉出後不沾黏，即表示烘烤完成。若還沾黏濕黏麵糊，可再烘烤幾分鐘，至蛋糕完全烘烤成熟。

5 蛋糕烘烤至後期並未到烘烤時間，若上色太快怕變焦色，可放一張鋁箔紙蓋在烤模上方，直到烘烤成熟為止。

6-5   *Gâteau aux fruits confits*

杏仁西洋梨塔
Tarte aux poires à la frangipane

法文又名Tarte bourdaloue。1850年，由巴黎9區布達盧路（Rue Bourdaloue）甜點店的糕點師法斯凱（Fasquelle，又有一說是Lesserteur）所發明，有兩種配方，前者以榛果粉、糖、蛋黃、麵粉，混合了打發蛋白，加入櫻桃酒奶黃餡及巧克力，鋪在圓筒形烤模中。後者則是杏仁粉混合糖、蛋、麵粉和發泡蛋白，兩者配方雷同。1929年，有本食譜書就出現以甜塔皮和混合發泡蛋白的杏仁奶油餡、西洋梨或其他水果製成的甜塔。

西洋梨在法國是一年四季都產的水果，既可當新鮮水果吃，也可釀酒、燴紅酒，或煮糖成為糕點製作材料。西洋梨樹原產於亞洲北部，歐洲還在羅馬時期就已存在於亞洲。而西洋梨又稱歐洲梨、葫蘆梨，外形呈橢圓鈴形，多產於英國、歐洲、北美洲與澳洲等地。17世紀出現於英國，法國也許在更早的14世紀就已出現，法王路易十一在駕崩前，曾請求在義大利顯過神蹟，治癒過無數眾生的修道士，來為他治療疾病。出身義大利南部卡拉布里亞（Calabria）的聖弗杭蘇瓦修士（Saint François de Paule），帶來一顆卡拉布里亞產的西洋梨小植株贈予路易十一，但國王並未因這顆西洋梨植株而延長生命，或許修士已知路易十一無法避免走向死亡，以小植株來寓意死亡是延續新生命的開始。

台灣新鮮西洋梨多為國外進口，可在超市大賣場購得新鮮或罐裝糖水西洋梨。這道配方可依照基本功的糖水西洋梨來製作，用新鮮西洋梨或罐頭西洋梨皆可。杏仁西洋梨塔

是法國家庭主婦最常製作的家常甜點，材料簡單，也很容易製作，用蛋、糖、杏仁粉、奶油混製成杏仁奶油餡，鋪餡烘烤，就算失敗了也很好吃 。除了西洋梨，也可以用蘋果、杏桃、黃香李、櫻桃、藍莓等替換。

份　　量：6～8人份
難易度：★★☆
烤箱溫度：200℃
烘烤時間：35分鐘

材料

◆ 1張甜塔皮 （請參考「3-10甜塔皮」）
◆ 3～4顆糖水西洋梨 （請參考「3-9糖水西洋梨」）或1罐西洋梨罐頭
◆ 1份杏仁奶油餡 （請參考「3-12杏仁奶油餡」）

作法

1 準備製作好甜塔皮。
2 準備6片切成半片的糖水西洋梨，濾乾並擦乾水分。
3 準備好一份杏仁奶油餡。

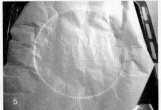

4 烤盤放上無底塔環烤模。
5 無底塔環烤模鋪上烘焙紙。
6 工作檯和甜塔皮撒上少許麵粉。
7 用擀麵棍將塔皮擀成需要大小，比烤模多出1～2公分。

8 塔皮用擀麵棍輔助捲起。

9 平鋪在鋪好烘焙紙的無底塔環烤模上。

10 用擀麵棍輕壓,去掉塔模邊緣多出的塔皮。

11 用叉子均勻戳上洞。

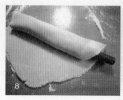  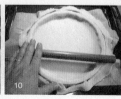 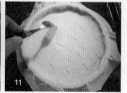

12 用刮刀將杏仁奶油餡刮入戳好洞的甜塔皮中至7分滿。

13 用茶匙背撫平杏仁奶油餡。

14 均勻鋪上濾乾水分的整片西洋梨,或切成細片西洋梨。

15 輕壓一下,使每個糖水西洋梨稍埋入杏仁奶油餡裡。

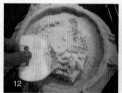 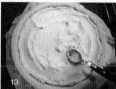  

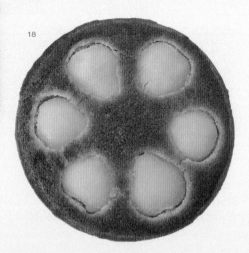

16 放入200℃預熱好10分鐘的烤箱烘烤35分鐘。

17 移出烤箱放涼,脫模。

18 放涼或冷藏後享用皆宜。

6-6 *Tarte aux poires à la frangipane*

小叮嚀

1 家中沒有無底塔環烤模，可參考塔皮製作程序，先將塔皮鋪上烘焙紙，放上烘焙豆或鐵豆，放入預熱好的烤箱烘烤15分鐘，待塔皮放微溫，再填入杏仁奶油餡和西洋梨，送入烤箱烘烤30分鐘。可製作成單人塔，作法如同上述，只要將塔皮擀成小型塔模大小，放在鋪好烘焙紙的單人塔模中，烘烤時間縮短為25分鐘。

2 使用無底塔環烤模製作鹹塔時，可在烤盤鋪上烘焙紙，放上塔環模，直接放上塔皮，或在塔環烤模鋪上烘焙紙，再放上塔皮皆可。無底塔環烤模因無底盤，烘烤時受熱較快，烘烤時間也縮短。

3 可用罐頭西洋梨當材料，但請選擇較硬朗的罐頭西洋梨。製作時，以整片或切成細片狀鋪放在杏仁奶油內餡上。

6-7

紅漿果巴巴露亞
Bavarois aux fruits rouges

巴巴露亞（Bavarois）是以濃稠鮮果汁，加入明膠吉利丁粉或明膠吉利丁片（Gélatine），和發泡蛋糕鮮奶油一起混製成，口感似慕斯的法式家常甜點。法蘭西斯老師傳授的這道配方，與傳統巴巴露亞配方不同的是，沒有放蛋黃，口感清爽可口，酸甜好吃。

17世紀後期，皇室貴族間流行喝一種以咖啡混合鮮奶油和蘭姆酒的熱飲，名叫巴巴露亞絲（Bavaroise），是德國巴伐利亞王公世家維特斯巴赫家族（Wittelsbach），用來招待法國王室貴族的特殊飲料。而後於18世紀初，巴黎一家咖啡館開始賣起巴巴露亞絲熱飲。到了19世紀，提升法國美食文化，在廚藝界聲譽卓著的巴黎名廚卡漢姆（Marie-Antoine Carême），將巴巴露亞絲熱飲的配方帶入新創作的巴巴露亞中，用鮮果汁、明膠和新鮮發泡奶油、蛋黃、糖等，製作出深受王室貴族及平民百姓熱愛的慕斯甜點。

各種新鮮水果打成果汁，過篩後取得純果汁，變化出許多不同口味的巴巴露亞，法國較常用的

父親節時為外子老米做的香草紅漿果巴巴露亞蛋糕，以漸層方式製作。先以法式巧克力戚風蛋糕鋪底，再放上一層香草巴巴露亞和一層紅漿果巴巴露亞，擠上發泡鮮奶油和碎巧克力做裝飾的父親節蛋糕。

水果有：覆盆子、草莓、檸檬、紅漿果、香草、黃杏、西洋梨等。台灣水果種類多，新鮮豐美，也可用來製作亞洲風味的巴巴露亞，如：芒果、百香果等帶豐富果香的水果。法蘭西斯老師曾用新鮮現榨蘋果汁，做成蘋果口味的巴巴露亞耶誕節木柴蛋糕，作為內餡的木柴慕斯蛋糕，也可依自己喜歡的水果加以變化。巴巴露亞的慕斯內餡，以往傳統的裝模方式是放在塗上一層薄奶油的布丁模，待冰涼結凍成形，再倒扣放在盤中做裝飾，就像夏洛特慕斯蛋糕用手指餅乾鋪底圍邊。也可裝在大、小慕斯模裡，先鋪上一層薄戚風蛋糕，再放入巴巴露亞慕斯，最後鋪上一層水果汁製成的鏡面明膠。至於當前流行的擺盤，則是將巴巴露亞裝在杯裡，漸層呈現。

份　　量：5～6人份
難易度：★★☆

材料

◆ 300g 冷凍紅漿果（Fruits rouges surgelés）

◆ 150g水　◆ 120g細砂糖　◆ 半顆檸檬汁　◆ 350g液態鮮奶油　◆ 40g糖粉　◆ 5張吉利丁片

作法

1　半顆檸檬擠成汁備用。

2　吉利丁片泡入冷水中，浸放泡發約20分鐘。

3　電動食物攪拌機或果汁機中放入退凍紅漿果。

4　倒入半顆檸檬汁和150g水。

5　以高速攪打。

6　攪打成濃稠果汁。

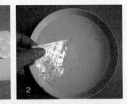

7　一只深鍋放上網篩倒入紅漿果汁，以湯匙輔助過篩成濃稠果汁備用。

8　泡開吉利丁片，用手擠乾多餘水分。

9　放在碗裡備用。

10　紅漿果汁以小火加熱。

11　倒入細砂糖，

12　用打蛋器攪拌均勻，待紅漿果汁開始沸騰。

13　放入泡發吉利丁片。

14　攪拌均勻。

15　離火放涼或隔冰水放涼。

16 鋼鍋裡放入冰涼液態鮮奶油，加入糖粉。

17 用電動打蛋器以中速攪拌打發。

18 打發成發泡鮮奶油。

19 在裝有擠花嘴的擠花袋中裝入少許發泡鮮奶油。

20 放至冷藏備用。

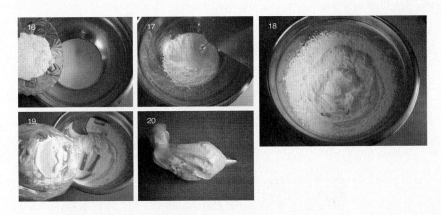

21 放涼變濃稠紅漿果吉利丁糖漿。

22 倒約100g至杯中備用。

23 將剩餘發泡鮮奶油放入紅漿果糖漿中。

24 用蛋糕刮刀輕柔地由上往下順時針方向攪拌。

25 直到攪拌均勻。

26 倒入杯中或用湯匙舀入杯中，放冷藏2~3小時。

27 變微硬的紅漿果吉利丁糖漿，隔熱水或放入微波爐加熱30秒後融化放涼。

28 凝結後的紅漿果巴巴露亞，移出冷藏。

29 倒入放涼的紅漿果吉利丁糖漿，覆蓋約0.5公分高在紅漿果巴巴露亞上方。

30 裝有紅漿果的吉利丁糖漿杯子以順時針方向轉一圈，使其均勻平鋪。

31 再放冷藏凝結約1小時，擠上發泡鮮奶油和少許紅漿果裝飾，即可上桌享用。

小叮嚀

1 吉利丁片1片約2g，5片則為10g。

2 製作前先將液態鮮奶油放入冰箱冷藏冰涼，冷凍紅漿果則放室溫退凍，
或放入微波爐加熱退凍，再行製作。

3 紅漿果吉利丁糖漿，須完全冷卻後再和發泡鮮奶油一起混合，否則會讓
發泡鮮奶油消泡而影響口感。

Bavarois aux fruits rouges

6-8

法國乳酪蛋糕
Gâteau au fromage blanc

乳酪蛋糕在台灣一向是知名甜點，但你可知道法國也有傳統的乳酪蛋糕？史前時代就有乳酪，傳入歐洲則在古羅馬時期。中世紀時，乳酪是農人自家生產的平民食物，深受農民和窮人喜愛，之後才傳入宮廷，大受貴族歡迎。直到19世紀，法國人才習慣在主菜後甜點前食用乳酪，在甜點上桌前，若未填飽肚子，還能吃些塗在麵包上帶鹹味的乳酪，來滿足胃口。

法國以出產乳酪聞名，目前光法國境內，以羊、牛和山羊奶製成的乳酪種類，就高達400種以上。這道蛋糕配方中的新鮮白乳酪，是乳酪製作過程裡，在牛奶烹煮過程中的第一階段，凝乳（caillé）狀態下滴乾水分後，生產出的柔軟新鮮白乳酪，外觀類似豆腐花。最初的生產方式，多半是法國農家在自家製作，或由乳酪製造商製作販賣，至今多以量產方式工業化製作，衛生且多元。

法國乳酪蛋糕是一道輕乳酪蛋糕，配方中以打發蛋白來混合新鮮白乳酪，糖麵糊隔水加熱烘烤，烘烤出輕淡檸檬香的甜滋味，吃起來很爽口，深受法國男女老少喜愛。法國傳統市場的乳酪攤販或糕點店，通常都有販售這道傳統乳酪蛋糕。單吃口味上較單一，淋上水果醬汁能提味，吃起來較有變化。除了以覆盆子製作佐醬外，還可利用藍莓、綜合紅漿果、柳橙等製成其他口味淋醬。台灣讀者可利用鳳梨和芒果製作淋醬，芒果盛產季節，用芒果打汁製成淋醬，也很對味。

份　　量：6人份
難 易 度：★★☆
烤箱溫度：180℃
烘烤時間：45分鐘

材料

◆ 4顆蛋白 　◆ 50低筋麵粉 　◆ 500新鮮白乳酪（fromage blanc） 　◆ 250g細砂糖

◆ 10g無鹽奶油（塗烤模用） 　◆ 1顆檸檬 　◆ 350g冷凍整顆覆盆子 　◆ 50g水 　◆ 70細砂糖

作法

1　檸檬洗淨，用刨絲器刨檸檬皮。

2　刨起整顆檸檬皮備用。

3　烤模均勻塗上無鹽奶油。

4　烤盤上放上一只裝至5分滿水的大玻璃平盅備用。

5　鋼鍋裡放入新鮮白乳酪、麵粉、150細砂糖。

6　放入檸檬絲。

7　用打蛋器攪拌約3分鐘。

8　攪拌至細砂糖完全融化。

9　玻璃盅放入蛋白。

10　以電動打蛋器攪拌至軟性發泡。

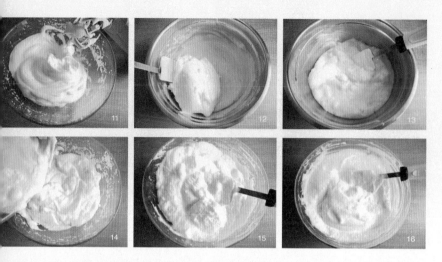

11 加入100g細砂糖，繼續攪拌至硬性發泡。

12 舀入一半發泡蛋白至乳酪麵糊中。

13 用蛋糕刮刀由下往上輕輕攪拌均勻。

14 再將混合好的蛋糕倒入剩下的發泡蛋白玻璃盅。

15 繼續用蛋糕刮刀由下往上輕輕攪拌。

16 至完全混合均勻。

17 倒入烤模。

18 用蛋糕刮刀撫平蛋糕麵糊表面。

19 放入裝好水的大玻璃平盅。

20 放入180℃預熱好10分鐘的烤箱烘烤45分鐘。

21 移出烤箱。

22 帶上隔熱手套將烤模放在涼架或桌面上。

23 在蛋糕上蓋上一張烘焙紙。

24 放上一個大盤子。

25 急速倒翻轉，倒扣烤模。

26 小心脫模。

27 在蛋糕上方再放上另一個大盤子。

28 再將蛋糕倒扣翻轉成正面。拿開烘焙紙放涼，放冷藏冰涼約2～3小時。

29 檸檬切對半，擠成汁備用。

30 準備好退凍後的冷凍覆盆子。

31 在一只深鍋中放入冷凍覆盆子、檸檬汁。

32 加入水和70g細砂糖。

33 以中火煮滾，熬煮約20分鐘。

34 離火放涼，放冷藏冰涼備用。

35 上桌前撒上糖粉裝飾，淋上覆盆子醬汁一起食用。

小叮嚀

1 因須隔水烘烤，蛋糕烤模請用固定圓形的蛋糕模來製作，並均勻塗上奶油，烘烤後較易脫模。

2 乳酪麵糊和發泡蛋白用刮刀拌勻時，請由上往下輕輕混合，避免太過用力，以免發泡蛋白消泡，影響烘烤後的蓬鬆感。

3 蛋糕須趁熱脫模，放涼後不易脫模。並在步驟28翻轉成正面後，馬上拿開烘焙紙，否則蛋糕散發出水氣，易使蛋糕表面沾黏在烘焙紙上而影響外觀。

4 除了用覆盆子做成佐醬，也可用自己喜歡的口味調製不同淋醬，在覆盆子的部分更改為其他水果，糖、水、檸檬汁則不變。

Gâteau au fromage blanc

6-9

冰鎮牛軋糖
Nougat glacé

東方很早就有牛軋糖，希臘人也用核桃堅果製作牛軋糖。法國在14世紀以後出現一種改良配方，添加開心果的果實、柳橙花精和香草等，製作出乾果牛軋糖。16世紀出現蛋白發泡糖霜，到了18世紀才在牛軋糖的配方中，以蛋白糖霜混合蜂蜜、堅果等製成發泡蛋白風味的軟綿牛軋糖。冰鎮牛軋糖的製作原理，是用發泡蛋白，加入滾燙糖水製成義大利發泡糖蛋白，再混合發泡鮮奶油和開心果碎、榛果粉、糖浸水果櫻桃等，最後放冷凍成為發泡蛋白鮮奶油冰甜品。

外子老米說冰鎮牛軋糖是近20年來才在法國流行的新甜品，以往只見過製成糖果狀的白色乾果牛軋糖。這道冰品甜點在法國餐廳很受歡迎。澆淋上覆盆子甜醬汁，入口即化，滿口榛果香濃口感，夾帶著覆盆子醬的酸甜味，真是美味極了。這道配方簡易好

• 市面上常見的傳統乾果蛋白牛軋糖。

做，不用特別購買冰淇淋機，就能在家DIY冰淇淋。而且配方中沒放半滴蛋黃，減少膽固醇的攝取，吃起來也更健康。做好的冰淇淋蛋白奶餡，盛放在各種造型的容器裡，或放在鋪好保鮮膜的長形烤模裡，上桌前再切片監盤裝飾淋醬。一年四季都可享用這道冰鎮牛軋糖，在家自製冰淇淋更不是難事。

材料

◆ 2顆蛋白　◆ 80g蜂蜜　◆ 120g細砂糖　◆ 100g糖浸水果　◆ 50g榛果粉（Noisette en poudre）
◆ 50g碎開心果（Pistaches torréfiées）　◆ 350g液態鮮奶油

作法

1　烤箱以200℃火溫預熱10分鐘，將開心果碎放在烤盤上烘烤5分鐘。

2　移出烤箱放碗裡放涼備用。

3　烤模鋪好保鮮膜備用。

4　蛋白與蛋黃分開，取蛋白備用。

5　糖漬水果切成小丁，放到小碗備用。

6　鋼鍋放入放涼後的液態鮮奶油。

7　用電動打蛋器將鮮奶油低速打發5分鐘。

8　再轉高速將液態鮮奶油打成發泡，放入冰箱冷藏。
　　洗淨擦乾打蛋器備用。

9　深鍋裡放入蜂蜜和100g細砂糖，以中火加熱（一邊打發蛋白）。

10　一邊用電動打蛋器打發蛋白至軟性發泡。

11　加入20g細砂糖繼續打發。

12　繼續打發至硬性發泡。

13　深鍋裡的蜂蜜與細砂糖融化後，煮滾約4分鐘離火。

14　倒入放有發泡蛋白的鋼鍋裡。

15　一邊倒入蜂蜜糖漿，一邊攪打發泡蛋白。

16　攪打直到蛋白糖糊變微溫，可用手碰鋼鍋底部試溫。

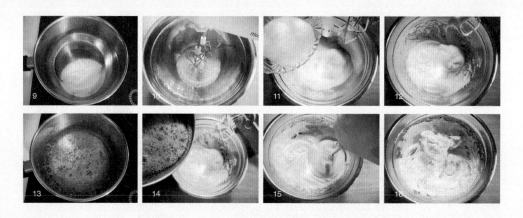

17　依序加入榛果粉、烤過放涼的開心果碎、切丁的糖漬水果。

18　用蛋糕刮刀小心由下往上拌均勻。

19　加入一半發泡鮮奶油，小心由下往上以順時針方向攪拌均勻。

20 將混好的蛋糖糊倒入剩下的發泡鮮奶油鋼鍋裡。

21 輕輕由下往上以順時針方向攪拌混合均勻。

22 倒入烤模裡。

23 用蛋糕刮刀撫平表面。

24 將四邊保鮮膜蓋在蛋糖糊上,再蓋上一層保鮮膜,放冷凍庫冰一晚。

25 移出冰箱,掀開保鮮膜。

26 用刀子切片後,即可盛盤裝飾,淋醬享用。

Finish ▶▶▶

6-9 *Nougat glacé*

小叮嚀

1　步驟9煮蜂蜜糖漿時，請一邊將蛋白打成硬性發泡。若不嗜甜者，可在煮蜂蜜糖漿時自行斟酌減少糖量。煮蜂蜜糖漿時，糖和蜂蜜會自己融化，只要左右搖晃深鍋一下即可。

2　步驟14，請一邊加入，一邊繼續攪打混合，切勿一次全部倒入糖漿，這樣糖漿很容易凝結成塊，不容易混合均勻。

3　混好榛果等的蛋白糊，要和發泡鮮奶油一起混合時，力道切勿太大，以免發泡鮮奶油消泡，用蛋糕刮刀由下往上以順時針方向小心攪拌均勻即可。

傳統開心果馬卡龍
Macarons à l'ancienne et à la pistache

近年來，蛋白杏仁小圓餅馬卡龍（Macaron）不僅在法國很夯，就連台灣、日本等亞洲國家，也掀起了一股馬卡龍熱潮。馬卡龍專賣店一家家地開，網路上也可網購法國馬卡龍。中世紀時期，義大利就已存在馬卡龍。到了17世紀，據說由法王路易十六妻子瑪麗皇后帶入皇宮及上流社會，進而風行全法國。

上本書《一學就會！法國經典甜點》介紹的新式改良的馬卡龍配方，起源於19世紀，在巴黎美麗城（Belleville）出現巴黎馬卡龍（le macaron parisien），中間夾餡則以無鹽奶油或果醬、蜜餞等製作成馬卡龍夾心內餡。如今這奶油夾心內餡，早已被Ladurée等巴黎知名甜點店的各種創新內餡配方所取代！

以下這道配方，就是最初的馬卡龍配方，沒有現今馬卡龍的亮麗外形，是傳統古早味的蛋白小圓餅。以前還沒有糖粉時期，馬卡龍是用砂糖來製作，配方中保留了蛋白和杏仁粉，加以烘烤，傳統原味馬卡龍的外觀是淺褐色小圓餅，嘗起來外脆內軟，口味較單純。這裡的配方加入磨成碎粉的開心果仁，吃起來多了開心果香味，口味上較好吃且有變化。除了開心果外，還可換成榛果仁粉、核桃粉、可可粉等，做成其他口味的傳統馬卡龍。

傳統馬卡龍的烘烤時間較短，烘烤後底部較濕黏，不易脫模，可利用噴水器，在烘焙

紙下的烤盤上噴上少許水分，靜放1分鐘讓水分蒸發，並稍微浸濕馬卡龍底部，再連同放有馬卡龍的烘焙紙，移開烤盤，放至馬卡龍完全冷卻，再用手小心脫模，或用三角鏟和蛋糕刮刀輔助脫模。吃不完的馬卡龍，可放在餅乾鐵盒裡，放上一段時間，仍可像剛烤好般外脆內軟。

材料

◆ 50g去殼皮整顆開心果仁
◆ 80g杏仁粉
◆ 175g細砂糖
◆ 65g蛋白
◆ 1支裝水的噴水器

作法

1　準備好圓形擠花嘴和擠花袋備用。
2　烤盤鋪上烘焙紙備用。
3　準備好一支裝好水的噴水器。
4　整顆開心果放入電動攪碎機。
5　蓋上蓋子以高速攪碎。
6　成細粉粒狀。
7　倒入碗中備用。

8　鋼鍋裡放入杏仁粉、約9分攪碎開心果。

9　留下少許碎開心果備用。

10　加入細砂糖。

11　用打蛋器或湯匙攪拌均勻。

12　加入蛋白。

13　用電動打蛋器以低速攪拌3分鐘。

14　使其均勻混合。

15　裝入擠花袋中。

16　擠成5元台幣大小的圓形。

17　用蛋糕刷在馬卡龍上刷上少許水。

18　馬卡龍上撒上少許碎開心果。

19　放入170℃預熱好10分鐘的烤箱烘烤15分鐘。

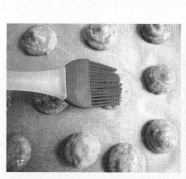

20 移出烤箱，馬上在烤盤四邊角落拉起烘焙紙，往烤盤底部噴水兩下。

21 靜置1分鐘。

22 將裝有馬卡龍的烘焙紙拉離烤盤至工作檯上，放涼，用手小心脫模，或用三角鏟、刮刀輔助脫模。

23 即可盛盤享用。

小叮嚀

1 擠開心果馬卡龍餡料至烘焙紙上，每一個圓形之間請留些空間，並擠在烘焙紙內的空間裡，因為烘烤膨脹後，若太接近或擠在烤盤上容易沾黏。若不小心沾黏，可讓馬卡龍放涼，再用小刀切刮分開。

2 步驟20移出烤箱，先拉起左下角烘焙紙噴過水，再換噴右下角、右上角、左上角各噴兩下，噴水使烤盤的熱度變成水蒸汽，烤好的馬卡龍較容易脫模。

3 脫模時，可利用刮刀或三角鏟輔助脫模。

6-10　*Macarons à l'ancienne et à la pistache*

法國人餐前開胃
人氣鹹點

法國人吃飯前都會喝杯餐前酒，

喝酒時也像台灣人一樣習慣配下酒菜。

本章收錄20道最受法國人歡迎的開胃鹹點和美味前菜，

當餐前小點或正餐前菜皆宜。

法式橄欖燻肉乳酪鹹蛋糕
Gâteau salé au olive, lardon, fromage

鹹奶油蛋糕混入煙燻肉丁、橄欖、油漬番茄及香辛料，深受歐美國家人民喜愛。去年夏天，法國朋友艾蜜莉邀請我們去她家聚餐烤肉，她製作了這道法式鹹蛋糕當開胃酒點心，切成小片狀，油漬番茄配上鹹橄欖，酸中帶鹹，搭配上她先生自製的水果調酒，對味極了！使我不禁多喝兩杯，鹹蛋糕也很快就被大家一掃而空，從此對艾蜜莉的法式鹹蛋糕念念不忘！後來還請她提供法式鹹蛋糕的獨門配方，只要想念艾蜜莉的法式鹹蛋糕，就自己做一個來回味一番。

拌入蛋糕中的材料，除了煙燻肉丁外，還可換成切成細丁的臘腸片、火腿丁、蟹肉棒、去水分罐頭鮪魚、安鯷魚等不同食材，也可在鹹蛋糕中加入煮熟的綠花椰菜、磨菇、波菜、玉米粒、韭蔥段、紅黃青椒等各類蔬菜。青菜類得事先煮熟或炒熟去掉多餘水分，蘑菇則只要切薄片即可，再拌入鹹蛋糕麵糊中，和不同口味的乳酪絲一起混合烘烤。你也可在液態鮮奶油中，加入胡椒粉、食鹽和少許辣椒粉一起混合打發，並在切小片的法式鹹蛋糕上，擠上鹹味發泡奶油裝飾，當開胃小鹹點或當正餐吃。帶鹹味的發泡鮮奶油配上法式鹹蛋糕，別出心裁裝飾下，可使這道看似平常的開胃鹹點，變得更加華麗精緻。

● 傳統市場裡各種香料醃製的橄欖。

份　　量：6人份
難易度：★ ☆ ☆
烤箱溫度：200℃
烘烤時間：45~50分鐘

材料

- 250g低筋麵粉　 10g蛋糕發酵粉或泡打粉　 4顆全蛋　 200g煙燻豬肉丁（lardon）
- 200g無籽紅心綠橄欖　 150g艾蒙塔乳酪絲（fromage emmental râpé）
- 8顆油漬番茄乾（tomates séchées）　 100g無鹽奶油　 150g牛奶　 少許食鹽　 少許白胡椒粉

作法

1　長形蛋糕烤模鋪好烘焙紙備用。
2　無鹽奶油用微波爐加熱融化備用。
3　4顆全蛋去殼，放入大缽裡備用。
4　油漬番茄乾切成小丁備用。
5　低筋麵粉與蛋糕發酵粉過篩備用。

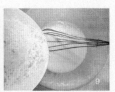

6　大缽內4顆全蛋攪拌均勻，再加入融化無鹽奶油。
7　加入牛奶。
8　一起混合均勻。
9　加入乳酪絲，用打蛋器混合均勻。

 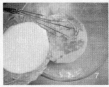  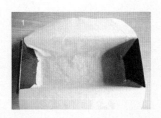

10 加入少許白胡椒和食鹽調味。

11 倒入過篩後的粉類。

12 攪拌均勻。

13 拌入番茄乾丁、橄欖、煙燻豬肉丁。

14 用刮刀攪拌均勻。

15 麵糊刮入鋪好烘焙紙的烤具中，放在烤盤上。

16 放入200℃預熱好10分鐘的烤箱烘烤45～50分鐘。

17 離火放至微溫，或放涼後食用皆可。

小叮嚀

1 若沒有油漬番茄乾，可用紅椒切成小丁替代，配色上較有層次。

2 橄欖和油漬番茄乾都略帶鹹味，因此步驟10可以依照自己口味喜好增減鹹度。

3 想知道蛋糕是否已熟透，可用刀尖或筷子插入烤好的蛋糕中央，拔出後若不沾黏，即表示已完全熟透。若還沾黏著麵糊，則表示蛋糕還未完全熟透，可繼續烘烤幾分鐘讓蛋糕完全熟透，再移出烤箱放涼。

4 鹹味發泡鮮奶油是以150g液態鮮奶油加入少許食鹽、白胡椒、辣椒粉一起打發泡，裝在擠花袋中，將鹹蛋糕切成小塊狀平放，擠上少許鹹味發泡鮮奶油裝飾成開胃小鹹點。

7-1　　*Gâteau salé au olive, lardon, fromage*

7-2

法式肉派
Pâté de campagne

法文又名Terrine de pâté de campagne。最早起源於中世紀，當時製作肉派的食材十分講究。肉派最早的食譜出現在諾曼地詩人葛斯‧德拉比內（Gace de La Bigne）的詩作中，用了許多珍貴食材，如鷸鴣、鵪鶉、雲雀等稀有肉類來製作。14世紀的巴黎主婦生活指南書*Le Ménagier de Paris*中，提到以家禽、兔肉、鹿肉、鴿子、鵝、牛羊豬等食材做成肉派。在義大利，為梵蒂岡教廷工作的美食作家巴托洛米歐‧薩奇（Bartolomeo Sacchi），則提供了野禽肉餡派食譜給羅馬教皇，將碎肉放入有醋和鹽的水中煮熟後，混入以胡椒、肉桂和丁香調味過的豬油，包裹住碎肉。16世紀後，肉派變得非常普遍，以鳥禽類或牛、鹿肉作為主要食材。如今的肉派在食材上精簡許多，將加入香辛料的碎肉放置在肉派專用瓷製烤具中，或裝入烘烤容器裡，或在鹹塔皮裡填入各種肉類，或用鹹麵團包裹後，烘烤成另一種帶著餅皮的肉派，在耶誕節或特殊節日、結婚喜宴或生日派對上，是道精緻可口又不失傳統風味的前菜。

　　法國各地都有製作肉派的傳統配方，多用豬絞肉或其他禽肉來製作，添加的香辛料也各有不同。一般法國傳統餐廳多將法式肉派當成前菜，盤中會裝飾著少許綠色沙拉、紅番茄和迷你酸黃瓜（Cornichon），肉派配上黃瓜酸味，非常對味，吃起來清爽可口，一解肉派的油膩。許多法國家庭把肉派當晚餐，塗在麵包上吃，再喝碗熱湯，輕鬆解決一餐。上班族也可在家自製肉派三明治，在長棍麵包中間夾塊肉派，夾上幾片番茄和酸黃

瓜，就是簡便的一頓午餐。邀請朋友來家裡聚餐，將肉派切成小塊，放在切片麵包上，再裝飾上一小塊酸黃瓜，就成了開胃酒小菜。無論什麼場合，都可將法式肉派以不同造型和方式來呈現上菜。製作好的肉派用鋁箔紙分包起來，放入密封保鮮袋中，再放入冰箱冷藏，可保存一星期。

◆ 肉舖展示櫃裡琳瑯滿目的肉品，有些店也賣各種口味肉派和煙燻火腿。

份　　量：8人份	
難易度：★★☆	
烤箱溫度：200℃~240℃	
烘烤時間：1小時	

材料

◆ 500g豬脊肉或豬胸肉　◆ 150g豬絞肉　◆ 200g雞肝
◆ 2顆全蛋　◆ 1顆中型洋蔥　◆ 1顆紅蔥頭　◆ 2片蒜頭
◆ 5g整顆黑胡椒粒　◆ 5g食鹽　◆ 3g白胡椒粉　◆ 30g白酒
◆ 3根新鮮香芹　◆ 20g無鹽奶油　◆ 100g豬網膜　◆ 200g豬皮（有無皆可）

作法

1　長形蛋糕烤模底部平鋪上豬皮。
2　再鋪上一層豬網膜備用。
3　香芹取葉子部分切成細丁備用。
4　2顆全蛋攪拌均勻備用。
5　洋蔥、紅蔥頭、兩片蒜頭洗淨後去皮。洋蔥和紅蔥頭切成小細丁，蒜頭放一旁備用，雞肝去掉血管、氣管備用。

6　炒鍋裡放入無鹽奶油。

7　放入切細丁的洋蔥和紅蔥頭。

8　以中火炒香。

9　裝入碗中備用。

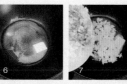 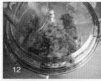 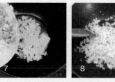 

10　鋼鍋裡放入豬絞肉。

11　豬脊肉或豬胸肉放入食物處理機攪碎。

12　以高速攪拌成碎肉後，倒入鋼鍋中。

13　雞肝放入食物處理機攪碎。

14　攪成泥狀後倒入鋼鍋中。

15　放入炒好的洋蔥、紅蔥頭和黑胡椒粒、蒜頭至食物處理機攪拌均勻。

 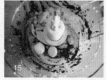  

16　倒入鋼鍋中。

17　加入食鹽、白胡椒粉。

18　倒入切細香芹、白酒。

19　加入混合好的全蛋汁。

20　用湯匙攪拌均勻至稍微黏稠。

21　裝入放有豬網膜的長形烤模中。

22　蓋上豬網膜。

 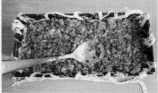

23 烤盤上放上一只裝6分滿的長方形玻璃大盅。

24 放上裝有肉餡的烤模。

25 放入以240℃預熱好10分鐘的烤箱烘烤10分鐘，降溫至200℃繼續烘烤50分鐘。

26 移出烤箱，拿出烤模靜置放涼，放冷藏一晚。

27 蛋糕刮刀沿著烤模內部四角，劃開黏住烤模的肉派。

28 切開一片拿出烤模。

29 再用蛋糕刮刀由下往上小心將肉派脫模。

30 倒扣在大盤子裡，小心拿掉鋪底的豬皮。

31 翻轉成正面，切片上桌享用。

Finish ▶▶▶

7-2   *Pâté de campagne*

小叮嚀

1   鋪底豬皮鋪不鋪皆可，找不到豬網膜可在烤模中鋪上烘焙紙代替，也較好脫模。

2   洋蔥和紅蔥頭切得越碎，冰涼後切片時較不容易碎開，切片的肉派較能保持完整。

3   喜歡香辛料味道重些，可在混合絞肉等材料時，加入其他香辛料增加風味。

4   想做成開胃小鹹點，烤好肉派切片後，再分切成四份鋪放在切片麵包上，或製作成外包鹹塔皮的法式肉派，請參考「3-10基本鹹塔皮」，再將塔皮分成4份，擀平包住肉餡，分兩次放入長方型烤模中，以200℃火溫烘烤40分鐘，冷卻後放冷藏，即可切片享用。

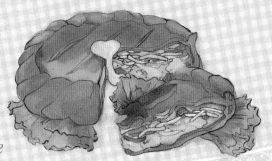

馬鈴薯肉餡餅
Pâté de pomme de terre

法國西南部利穆贊區科雷茲省（Corrèze）的知名傳統鹹派，以兩片派皮包裹住拌有豬絞肉、蒜頭、馬鈴薯、洋蔥或香蔥、香芹、新鮮奶油的鹹圓餡餅（又稱 Tourte）。內餡中的肉類也可利用醃豬肉、牛肉或鴨肉代替豬絞肉。內餡有肉，又有馬鈴薯，豐富扎實，法國人常拿來當主食。馬鈴薯，法文字面上的意思是「土裡的蘋果」（pommes de terre），俗稱白薯（patate），是法國人除了麵包之外的主食，無論煮湯、烤派、燉菜、油炸，樣樣都少不了它。

　　馬鈴薯最早起源於南美洲，已有八千年歷史，在16世紀後期，由西班牙殖民者和英國人帶進歐洲種植。17世紀成為愛爾蘭人的主要糧食，之後才開始在歐洲普及，並引進法國。馬鈴薯還未普及於法國時，利穆贊地區人民將家裡剩下的麵包麵團，包裹著奶油和剩菜，烘成像麵包，又像餡餅的包餡烘餅，直到18世紀後期，才在餡餅內加入馬鈴薯和其他肉類，而且在食用肉餡餅時，配上當地產的蘋果汽泡淡酒或紅酒。20世紀以後，科雷茲省的葡萄園開始減少，人們吃肉餡餅時，才改配其他產區的紅酒。

份　　量：6人份
難易度：★★☆
烤箱溫度：200℃~240℃
烘烤時間：45~50分鐘

材料

◆ 2張派皮（請參考「3-10基本派皮」）　◆ 2顆馬鈴薯
◆ 2大片蒜頭　◆ 1顆洋蔥　◆ 200g豬絞肉　◆ 35g濃縮鮮奶油　◆ 1茶匙乾香芹粉或新鮮香芹
◆ 1顆全蛋　◆ 少許食鹽　◆ 少許白胡椒粉　◆ 少許沙拉油

作法

1　烤模鋪上烘焙紙。
2　放在烤盤上備用。
3　馬鈴薯去皮備用。
4　洋蔥和蒜頭洗淨後，去皮備用。
5　馬鈴薯和蒜頭切片、洋蔥切絲放盤裡備用。
6　全蛋放碗裡用湯匙攪成蛋汁後分成兩份備用。

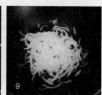

7　炒鍋裡放入少許沙拉油。
8　以中火炒香洋蔥。
9　炒至稍微變軟，起鍋放碗裡備用。

10 放有半顆蛋汁的鋼鍋裡放入濃縮鮮奶油。

11 放入蒜頭、香芹、豬絞肉。

12 加入食鹽與白胡椒調味。

13 用湯匙攪拌均勻備用。

14 工作檯與派皮撒上少許麵粉，用擀麵棍擀開派皮。

15 擀成烤模的大小。

16 用擀麵棍捲起派皮。

17 放在鋪好烘焙紙的烤模上，輕壓烤模邊緣的派皮，拿掉多餘派皮。

18 用叉子在派皮上均勻戳洞。

19 鋪上一層馬鈴薯片。

20 鋪上一層調好味的肉餡。

21 放上一半洋蔥絲。

22 再鋪上剩餘馬鈴薯片。

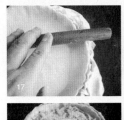

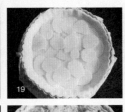
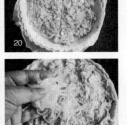

23 再鋪上剩餘肉餡。

24 放上剩餘洋蔥絲，在派皮邊緣，用蛋糕刷刷上少許蛋汁，放一旁備用。

25 工作檯與派皮撒上少許麵粉，擀開另一張派皮。

26 派皮擀成比烤模大些的寬形狀。

27 蓋在鋪好內餡的烤模上。

28 用擀麵棍壓一下去掉烤模邊緣的派皮。

29 用手捏緊上下派皮。

30 使上下派皮互相黏合。

31 剩下多餘的派皮做成葉子狀，或捲成花形裝飾在派皮上方。

32 用蛋糕刷均勻在派皮上刷上蛋汁。

33 放入240℃預熱好10分鐘的烤箱，馬上將火溫降低至200℃，烘烤45～50分鐘。

34 移出烤箱，即可切片享用。

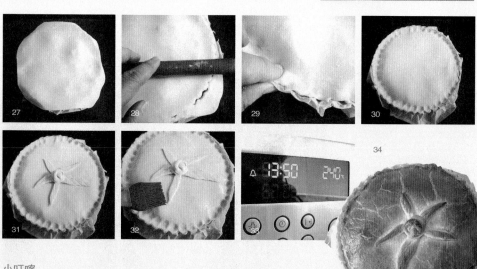

小叮嚀

1 可用自己喜歡的肉類來製作，如雞絞肉、豬絞肉、牛絞肉等，也可不加肉，用煮熟濾乾水分的青花椰菜、蘑菇、馬鈴薯等做成素食蔬菜馬鈴薯派。

2 在步驟17與28去掉多餘派皮時，可預留1公分派皮，兩張派皮黏合後，以順時針方向扭轉派皮呈螺旋狀，做出不同造型。

3 若還未到烘烤時間，派皮上已過度上色，可放一張鋁箔紙在派皮上方，就不會太過上色而變焦。

4 可製作成大型馬鈴薯肉餡餅，切成小片狀可當開胃鹹點，切成大塊狀或製作成單人派，配上綠色沙拉、紅番茄或炒時蔬，即可成為主菜。

7-3　*Pâté de pomme de terre*

7-4

法式魚派
Terrine de poisson

Terrine是「肉凍或肉派」的意思，亦作pâté。以動物碎肉、碎魚肉或內臟、蔬菜等為主材料，再混入香辛料，放置在特殊的瓷缽裡隔水烘烤，或以麵包體包裹成形，烘烤成魚派、鵝肝派、蔬菜派等各種肉派。魚派有許多不同配方，傳統製作方式是切碎魚肉，加入蛋和鮮奶油、香辛料等，混合後隔水烘烤。新式魚派的作法則是將所有材料調味煮熟，混入白酒和香辛料，將蔬菜、魚肉以漸層方式排列，再倒入吉利丁凍，製成層次分明、色彩鮮豔、引人胃口大開的另類魚派。

魚派以去除魚刺後的魚肉為主要材料，而魚類又有百百款，比較適合製作魚派的魚種有：鱸魚、明太魚、梭鱸、淡鱈魚、無鬚鱈魚、鮭魚等，白肉魚味道較淡，須以香辛料來提味，漸層或中間隔層部分則可加入干貝、鮭魚、煙燻鮭魚、蟹肉棒，或煮熟的胡蘿蔔棒、青豇豆、碗豆等，增添變換顏色。

夏天，法國人的晚餐桌上總習慣吃冷食。這道魚派適合作炎炎夏日的開胃冷盤，佐上鮮奶油蝦夷蔥醬，吃起來冰涼清爽。在法國，就算不親手做，也能在熟食店或超市大賣場購得。熟食店裡陳列著各式各樣製作精美的熟食冷盤，懶得下廚動灶的法國主婦或單身貴族，都會在傍晚時分去熟食店排隊，耐心等候購得已製作好的魚派等熟食，回家裝盤後即可大快朵頤。

材料

〔魚派〕

- 300g去魚刺淡鱈魚　　350g去魚刺鮭魚
- 5根蟹肉棒　　100g濃縮鮮奶油
- 2顆全蛋（取1顆蛋黃和2顆蛋白）
- 少許白胡椒粉
- 少許5色胡椒粒（可轉動研磨的胡椒粒）
- 7g 食鹽　　10根蝦夷蔥　　3根新鮮香芹

| 份　　量：6人份 |
| 難 易 度：★★☆ |
| 烤箱溫度：220℃ |
| 烘烤時間：45分鐘 |

〔魚派佐醬〕

- 150g 液態鮮奶油　　1g食鹽　　少許白胡椒粉
- 12根蝦夷蔥　　少許辣椒粉（Cayenne辣椒粉）
- 3平匙自製法式美乃滋或瓶裝美乃滋

作法〔魚派〕

1　瓷盅裡鋪上烘焙紙備用。

2　蝦夷蔥與香芹切成細段細絲備用。

3　蛋黃與蛋白分開，取1顆蛋黃和2顆蛋白。

4　用茶匙攪拌均勻備用。

5　兩種魚肉檢查一下是否還有殘留魚刺，清除至完全無魚刺。

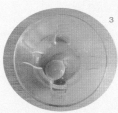

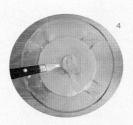

6　鮭魚橫切後，預留三條約1公分寬鮭魚條，其餘切成塊狀。淡鱈魚切成塊狀。

7　淡鱈魚放入食物處理機攪拌，放入剩餘蝦夷蔥丁、碎香芹、白胡椒粉、一半食鹽、一半濃縮鮮奶油，和少許研磨5色胡椒粒（請轉動研磨8下）。

8　蓋上蓋子攪拌10秒鐘後，加入一半蛋汁。

9　蓋上蓋子繼續攪打20秒，刮入大碗裡備用。洗淨擦乾食物處裡機。

10　三條長條狀鮭魚放置一旁備用，大塊鮭魚放入食物處理機攪拌，放入一半蝦夷蔥丁、碎香芹、白胡椒粉、一半食鹽、一半濃縮鮮奶油和少許研磨5色胡椒粒（請轉動研磨8下）。

11　蓋上蓋子攪拌15秒後，加入剩下的蛋汁。

12　蓋上蓋子繼續攪打20秒。

13　放在大碗裡。

14　刮入一半鮭魚醬。

15　用刮刀輔助平鋪均勻。

16 放上蟹肉棒。

17 再鋪上剩下的鮭魚醬。

18 放上三條鮭魚。

19 倒入鱈魚醬平鋪均勻。

20 在生魚醬上蓋上烘焙紙。

21 蓋上瓷蓋。

22 烤盤放上一只有底玻璃盅，放入三分之一熱水，再放上瓷盅。

23 放入220℃預熱好10分鐘的烤箱烘烤45分鐘。

24 移出烤箱拿出瓷盅，倒掉瓷盅裡多餘水分，靜置放涼，放入冰箱冷藏一晚。

25 移出冰箱倒扣脫模，拿掉烘焙紙。

26 切成片狀，即可盛盤裝飾，並佐上魚派佐醬享用。

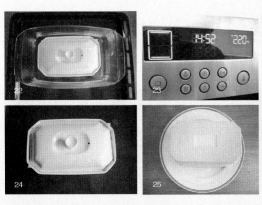

作法〔魚派佐醬〕

1

2

1　蝦夷蔥切成細丁備用。

2　準備好法式美乃滋。

3　放涼後的液態鮮奶油加入食鹽。

4　以電動打蛋器攪打發泡。

5　加入切成小丁的蝦夷蔥、白胡椒、辣椒粉、法式美乃滋。

6　繼續攪打均勻。

7　即可放冷藏，食用前再裝入碗中佐魚派。

小叮嚀

1　魚肉攪拌時，請勿攪拌過久，魚肉太細會影響口感。

2　放入蟹肉棒和鮭魚條後，要將魚醬均勻鋪滿抹平中間細縫，否則烤好切片會有空洞，
　　影響外觀。

3　除了以鮭魚和蟹肉棒漸層配色外，可將新鮮干貝切成小丁或新鮮小干貝混入魚醬內拌
　　勻烘烤，增加風味。

4　烘烤好的魚派須放涼冷藏，冰涼後較容易切片。

5　請依個人口味增減鹹度。

7-4　*Terrine de poisson*

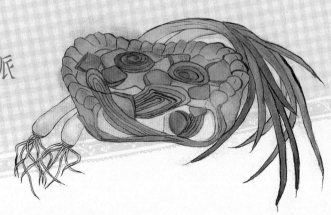

7-5

韭蔥乳酪鹹派
Tarte flamiche

又名弗萊米許塔（Tarte flamiche）。法國北部加萊海峽（Nord-Pas-de-Calais），在羅馬時期為法蘭德斯伯爵領地（Comté de Flandre），轄下有今比利時東法蘭德斯省和西法蘭德斯省、法國諾爾省，以及荷蘭澤蘭省南部，直到日耳曼人攻占該區，才結束了羅馬帝國的統治。這道韭蔥乳酪鹹派，就是法蘭德斯伯爵領地弗萊芒人（Flamande）的傳統料理裡。弗萊米許塔起源於14世紀，最早以麵粉、牛奶為主要配方，或圓扁形麵包烘烤後，澆上融化奶油一起食用。現今的改良配方則以塔皮鋪上韭蔥和鮮乳酪，就是皮卡地（Picardie）當地著名美食Flamique à porions，或稱Flamiche aux poireaux。

韭蔥主要產於地中海地區或中東地區，在亞洲與中國等地由人工引種方式栽培。生食非常辛辣嗆鼻，得經過油炒或水煮讓味道轉甜，含有豐富葉酸和鐵質、纖維質，可預防關節炎，治喉嚨痛咳嗽等症狀，有利尿與輕瀉作用，低卡路里，適合減肥者食用。這道配方中的韭蔥經油炒過，再一起混入乳酪和新鮮奶油等材料，烘烤成濃厚乳酪香味，餡軟略甜，對不喜歡吃蔬菜的人來說，韭蔥乳酪鹹派是個不錯的選擇。法國人把韭蔥乳酪鹹派當主食，也當開胃點心。

◆ 市場裡剛出土還帶莖的新鮮韭蔥。

份　　量	：6人份
難 易 度	：★ ☆ ☆
烤箱溫度	：200℃~220℃
烘烤時間	：約35分鐘

材料

◆1張派皮（請參考「3-10基本派皮」）　◆300韭蔥（取前端白段部分和少許綠色部分）

◆2顆全蛋　◆120g新鮮奶油　◆120g貢德（Comté）乳酪或艾蒙塔乳酪

◆10g無鹽奶油　◆少許白胡椒　◆少許食鹽　◆少許肉豆蔻粉

作法

1　烤盤放上鋪好烘焙紙的塔模備用。

2　工作檯與派皮撒上少許麵粉。

3　用擀麵棍擀成需要的大小。

4　用擀麵棍捲起派皮放在塔模上。

5　擀麵棍輕壓塔模邊緣，去掉多餘派皮。

6　用叉子在派皮上均勻戳洞。

7　派皮上放上另一張烘焙紙。

8　放上烘焙豆或黃豆。

9　放入200℃預熱好10分鐘的烤箱烘烤15分鐘。

10 貢德乳酪去掉邊緣硬皮部分。

11 用刨絲器刨成絲備用。

12 韭蔥切成圓細片段。

13 放入盤中備用。

14 全蛋去掉蛋殼，放入碗中備用。

15 炒鍋裡放入無鹽奶油。

16 無鹽奶油融化後，放入切段韭蔥。

17 以中火炒軟。

18 放入少許食鹽、白胡椒調味。

19 起鍋。

20 烘烤完成的派皮移出烤箱，拿開烘焙豆和烘焙紙備用。

21 鋼鍋裡放入全蛋，用打蛋器攪拌均勻，放入新鮮奶油拌勻。

22 加入少許食鹽、白胡椒、肉豆蔻粉調味。

23 攪拌均勻。

24 派皮上放上少許乳酪絲。

25 鋪上炒好的韭蔥至8分滿。

26 撒上乳酪絲。

27 倒入混好的新鮮奶油蛋黃液。

28 至9分滿。

29 放入220℃火溫預熱好的烤箱烘烤約15～
20分鐘。

30 移出烤箱,趁熱或放涼後食用皆宜。

Finish ▶▶▶

小叮嚀

1 步驟5,去邊的派皮可集中分成兩等份,稍微揉合後,再擀成兩份小型派皮,
充分利用不浪費剩餘派皮。

2 韭蔥炒軟適當調味就好,以免調味後新鮮奶油蛋糊再加上乳酪會過鹹,請依
照個人口味適當調味。

3 小型個人塔第二次烘烤時間約為8分鐘,中型塔為15分鐘,大型則20分鐘。

7-5 *Tarte flamiche*

7-6

鵝肝醬佐糖漬洋蔥
Toasts au foie gras et oignon confit

新鮮鵝肝加入調味料和白蘭地浸泡入味，隔水加熱，低溫烘烤的世界知名珍饈。鵝肝最早起源於古埃及時期，至今已有4500年歷史。埃及人將鵝、鴨等禽鳥類，以灌食濕潤穀物方式，讓鴨和鵝的肝臟在短時間滋潤肥大，再取出製作成鵝肝料理。4世紀時流傳到羅馬帝國，並以無花果乾餵食鵝隻，食譜書也出現鵝肝醬料理配方。羅馬帝國衰落後，鵝肝醬也漸漸失傳，那時猶太人因宗教信仰禁食豬肉，禁止使用豬油，而西方和中歐地區還很難取得橄欖油和芝麻油，便用鵝油做菜。因此，猶太人開始大量養殖鵝隻，進而傳到亞爾薩斯和法國南部，秉持傳統製作鵝肝方式，成為法國知名美食。最早鵝肝醬的拉丁文名為Jecur ficatum（純化肝），直到12世紀，法語、義大利語、西班牙語、葡萄牙語等羅曼語系國家，才將鵝肝通稱為foie（肝），而法文gras是油脂、脂肪的意思，foie gras即是油肝、肥肝之意，又稱鵝肝醬。而用鵝肝做的鵝肝醬，法語為 foie gras d'oie，鴨肝醬則是foie gras de canard；在法國，鵝肉比鴨肉貴，因此鵝肝醬比鴨肝醬要貴上一兩倍。

這道配方是法國友人艾蜜莉，在前年耶誕節前教我做的鵝肝醬配方。鵝肝調味後，浸泡白蘭地，放冷藏入味12小時，再裝入陶盅或瓦鉢裡，法文名為Terrine de foie gras。今年初去我二伯皮耶亨利家作客，二伯是我認識的法國男性中，屈指可數的料理高手，傳授

我製作鵝肝醬的訣竅。他說要做出好吃鵝肝醬，先決條件就是選一顆上等品質的優良好鵝肝，若想省麻煩，可買已經去血管的鵝肝，再經過調味和隔水烘烤，做好後放冰箱冷藏3～4天，再來品嘗最為恰當；倘若耶誕過年要吃，就得提前一週製作才行。

　　鵝肝醬也分為好幾種：1. **生鵝肝**（foie gras cru），買回來還未烘烤前的原料。2. **半熟鵝肝**（foie gras mi cuit），以低溫隔水烘烤至半熟，再裝罐裝瓶，經過巴氏殺菌法[*]（Pasteurization）殺菌，冷藏可保存幾個月。一般售價偏高，若鵝肝醬裡加入少許法國稀有菌菇「黑鑽石」松露（Truffe），售價更是連翻好幾倍。3. **全熟鵝肝**（foie gras cuit），以超過100℃火溫隔水烘烤殺菌，裝罐，再放置陰涼乾燥處，法國最傳統的銷售方式。另外，還有鵝肝做的慕斯醬（Mousse de foie gras）、鵝肝醬派（Pâté de foie gras）等，前者是以整顆鵝肝製作，較有質量，後者則只含50%～75%的原料。傳統上，法國人吃鵝肝醬的習慣是，先準備上好圓土司麵包，或是全麥麵包，切成小片烘烤呈稍脆硬，再塗上鵝肝醬一起享用。法國餐廳則以整片鵝肝醬佐糖漬洋蔥，再搭配法國西南部波爾多亞奎丹區（Aquitaine）出產的略甜蘇特恩白葡萄酒（Sauterne），此等人間珍饈，超級美味！

※巴氏殺菌法（Pasteurization）是低溫殺菌法，科學家巴斯德（Louis Pasteur）在1860年發現酒類以45℃到60℃加熱數分鐘後可防止酒類變濁，後成為食品工業的保鮮法。

◆ 去年為耶誕節買了一盒250克松露鵝肝醬。法國市售一盒約60歐元，合台幣約2500元。

材料

◆ 500g冷藏新鮮鵝肝　◆ 8g食鹽　◆ 2g白胡椒粉　◆ 2g細砂糖

◆ 4g四香粉（白胡椒、豆蔻粉、薑粉、丁香粉混合）

◆ 50g雅瑪邑白蘭地或干邑白蘭地（Armagnac或Cognac）

◆ 1條圓土司切片或法國切片麵包　◆ 200g法式糖漬洋蔥（請參考「3-18法式糖漬洋蔥」）

份　　量：	一份約350g
	約5～6人份
難易度：	★★★
烤箱溫度：	150℃
烘烤時間：	30分鐘

作法

1 整顆鵝肝放在砧板上對切成半。

2 先挑掉鵝肝外層薄膜，再用手扳開鵝肝，慢慢挑出血管。

3 直到挑出鵝肝裡的所有微血管。

4 在一只深鍋裡放入冰塊和水。

5 去血管後的鵝肝放入冰水中浸泡20分鐘。

6 準備好5張乾淨紙巾。

7 撈起泡過冰水的鵝肝，放在紙巾上吸乾水分。

8 小碗裡放入食鹽、白胡椒粉、細砂糖、四香粉攪拌均勻，杯子裡放入50g雅瑪邑白蘭地。

9 吸乾水分的鵝肝放置於平底容器中。

10 在表面均勻撒上混好的調味料。

11 倒入白蘭地。

12 用手稍微拌均勻，使調味料、白蘭地、鵝肝混合。

13 蓋上保鮮膜，放置冰箱冷藏12小時，使其入味。

14 拿出冰箱。

15 準備好一只約寬18公分╳高10公分，有蓋的長方形耐烤瓷盅。

16 鵝肝鋪放在瓷盅裡。

17 直到鋪滿。

18 蓋上蓋子。

19 烤盤上放上平底容器。

20 倒入熱水至平底容器一半高度，放入裝有鵝肝醬的瓷盅，放入以150℃預熱好10分鐘的
烤箱烘烤30分鐘。

21 準備好一只裝滿水的玻璃容器，如可封口的咖啡罐。

22 準備好一只大碗。

23 烘烤好的鵝肝醬移出烤箱，離水，放在工作檯上。

24 打開瓷蓋。

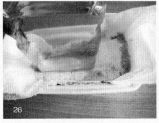

25 多餘鵝肝油倒入大碗中。

26 準備好幾張乾淨紙巾，壓在裝有鵝肝醬的瓷盅內吸乾鵝油，可用裝水咖啡瓶稍壓吸油。

27 直到表面平整。

28 蓋上一張與瓷盅大小相同的塑膠片（用冰淇淋蓋或塑膠盒蓋裁剪成需要大小）。

29 壓上裝水封口的咖啡罐，放入冰箱冷藏一晚。

30 裝有鵝肝油的大碗蓋上保鮮膜，放冷藏或放常溫皆可。

31 拿出冷藏一晚的鵝肝醬，拿掉塑膠片。

32 碗中的鵝肝油放入微波爐加熱30秒融化。

33 用湯匙舀入鵝肝油，鋪滿鵝肝醬上方高約0.5公分。

34 蓋上瓷蓋。

35 放入冰箱冷藏48小時，使表面鵝油與鵝肝完全凝結。

36 脫模前大鋼鍋放入少許熱水，將瓷盅泡熱水1分鐘。

37 沿著瓷烤模邊緣劃開。

38 蓋上盤子。

39 小心倒扣脫模。

40 準備好圓土司片或切成小片的法國全麥麵包。

41 鵝肝醬切成0.5公分薄片，再分成四等份，放在圓土司或麵包片上方，再裝飾上少許糖漬洋蔥，
即可上桌享用。

小叮嚀

1 鵝肝可先提前半小時拿出冷藏，稍微軟化才比較容易剔除鵝肝氣血管等，鵝肝薄膜非常
薄，請細心挑取掉多餘氣血管，並保持鵝肝外形完整，否則會影響口感和外觀。

2 泡冰水是讓處理後的軟化出油鵝肝變硬與去腥，使接下來的步驟好操作。

3 生鵝肝裝入烤模時，盡量將空隙填滿，不要有缺口。

4 脫模前的泡熱水步驟，請勿泡過久，否則鵝肝周邊的鵝油會融解成液態，脫模後會流出，
影響外觀和口感。

5 圓土司或法國全麥麵包，可先用烤麵包機烘烤上色，再放上鵝肝醬裝飾食用，口感較好。

6 將鵝肝醬切成小四方形放在圓土司麵包片上，裝飾上糖漬洋蔥，可當開胃鹹點。切成1～
2公分寬厚大片，佐上糖漬洋蔥和綠色沙拉，則可當套餐的前菜。

7-6 *Toasts au foie gras et oignon confit*

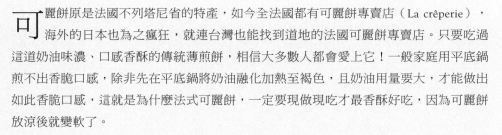

7-7

鮮奶油乳酪火腿可麗餅捲
Crêpes roulées à la crème fraîche et jambon de Bayonne

可麗餅原是法國不列塔尼省的特產，如今全法國都有可麗餅專賣店（La crêperie），海外的日本也為之瘋狂，就連台灣也能找到道地的法國可麗餅專賣店。只要吃過這道奶油味濃、口感香酥的傳統薄煎餅，相信大多數人都會愛上它！一般家庭用平底鍋煎不出香脆口感，除非先在平底鍋將奶油融化加熱至褐色，且奶油用量要大，才能做出如此香脆口感，這就是為什麼法式可麗餅，一定要現做現吃才最香酥好吃，因為可麗餅放涼後就變軟了。

可麗餅分為鹹甜兩種，鹹味當主食，甜味當甜點。近年來，法國很流行把鹹可麗餅抹上各種口味新鮮乳酪，鋪上火腿和香辛料，或是核桃碎、生菜沙拉等，捲成圓柱狀，再切成小片狀當開胃酒前菜，是品嘗法式鹹可麗餅最夯方式。日前受邀去馬來西亞朋友美燕的法國公婆家作客，她婆婆喬西亞娜剛好是兒子小米的拉丁文老師，她做的鹹可麗餅真是好吃，對我這熱愛做菜烘焙的人來說，最大的興趣便是互相交換彼此得意的家常食譜。喬西亞娜很慷慨地分享了她的配方，她以鹹餅當底，加上少許蜂蜜和鮮乳酪，再鋪上糖漬洋蔥，和烘烤過剝成碎顆粒狀的乾核桃，捲起來切成小片，入口鹹甜之間恰到好處，核桃與糖漬洋蔥非常對味好吃，相信這鹹甜混合的可麗餅開胃菜，應該很適合亞洲人口味。還可變換材料，捲入整片沙拉、火腿片、乳酪片或煙燻鮭魚片等，做成可麗餅捲開胃酒點心拼盤。

以下配方是我在可麗餅專賣店嘗到的配方。有時候懶得自己做可麗餅，就會去離家幾步路遠的可麗餅外賣店買現成可麗餅，老闆娘艾莉莎為人親切大方，會做些甜鹹口味的可麗餅捲當點心，招待來店裡買餅等候的客人。我冒昧地問她製作配方，她很大方地分享這道鮮奶油乳酪火腿可麗餅捲。另外也分享甜可麗餅捲的簡易配方，甜可麗餅鋪上Nutella榛果巧克力塗醬，中間再鋪上新鮮切片香蕉，或烘烤過的杏仁片、乾核桃等，捲起來切片，再擠上發泡鮮奶油，就是簡單好吃的可麗餅甜點。

份　量：6捲，約8人份
難易度：★ ☆ ☆

材料
◆ 6張法式鹹可麗餅（請參考「3-14法式鹹可麗餅」）
◆ 150g原味乳酪抹醬（fromage à tartiner nature）
◆ 200g新鮮奶油　◆ 6片巴約納火腿（jambon de Bayonne）
◆ 3g新鮮香芹　◆ 5片油漬番茄乾　◆ 少許食鹽　◆ 少許白胡椒粉

作法
1　巴約納火腿切成細絲。
2　油漬番茄乾切細丁。
3　新鮮香芹切成細丁。
4　鋼鍋裡放入原味乳酪醬和新鮮奶油，用湯匙混合均勻。
5　加入香芹丁混合一下。
6　加入少許白胡椒粉和食鹽混合均勻。
7　加入切細丁的油漬番茄乾。
8　混合均勻。

9　在工作檯鋪上一張保鮮膜，放上鹹可麗餅，正面朝上。

10　舀入一湯匙混合好的鮮奶油乳酪醬在可麗餅皮上。

11　均勻塗滿可麗餅皮。

12　鋪上切絲火腿片。

13　像捲壽司般由下往上捲成圓柱狀。

14　用保鮮膜包好。

15　包緊鹹可麗餅捲。

16　重複步驟9～15，將6張可麗餅皮全部包餡，捲完後放入冰箱冷藏30分鐘。

17　用利刀切成約1.5公分厚。

18　即可盛盤食用。

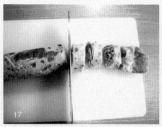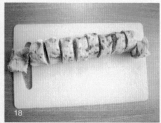

Crêpes roulées à la crème fraîche et jambon de Bayonne

7-7

小叮嚀

1 鋪餡和捲可麗餅皮時，力道切勿太重，以免餅皮破裂影響外觀。

2 放冰箱冷藏的作用，是讓鮮奶油餡和可麗餅皮黏合，並讓鮮奶油餡稍微變硬，切片時較好切，
　並保持美觀。

3 巴約納火腿和油漬番茄丁已有鹹味，調味時不要放太多食鹽，以免太鹹。

4 喬西亞娜老師的配方是，先放上鹹可麗餅皮，舖上一層以原味乳酪抹醬和新鮮奶油兩種材料做
　成的鮮奶油乳酪醬，放少許切成細丁的糖漬洋蔥，撒上核桃碎，淋上少許蜂蜜，捲起來包好保
　鮮膜，冷藏後切片即可。

7-8

羊乳酪蘆筍塔
Tartelettes aux asperges et au fromage de chèvre

法文tarte是塔的意思，而tartelette則是單人塔或迷你塔。塔在亞洲多做成甜口味，但在法國，鹹塔、鹹派和鹹蛋糕通常作為前菜，也是主食，冷食熱食皆可。內餡材料以各式魚類、肉類或乳酪、蛋為主，再配上各類蔬菜，如：洋蔥、韭蔥、蘑菇、三色甜椒、蘆筍等佐料，一起搭換製作。法國各地盛產多種口味乳酪，如牛奶乳酪（Fromage au lait de vache）、山羊奶乳酪（Fromage au lait de chèvre）、羊奶乳酪（Fromages au lait de brebis），再細分為質地軟硬不同的新鮮乳酪、藍黴乳酪、乾燥乳酪和調味乳酪等數百種。因此，法國人在製作鹹塔鹹派時，不僅在食材上可做變換外，一起混搭的乳酪也有多種選擇。羊乳酪的味道就有如一隻羊在面前走過，能清晰聞到羊騷味，羊奶味也重些，單吃略帶鹹味，烘烤後更添風味！

這道羊乳酪蘆筍塔以法國本地出產的新鮮羊奶乳酪鋪於鹹塔底部，加上新鮮綠蘆筍、百里香及蒜頭一同炒香，淋上少許蛋汁，烘烤後羊奶香味濃郁，再配上新鮮沙拉和烘烤過的核桃果仁，淋上油醋醬，別有一番滋味。另外再分享一道深受法國人喜愛的簡易開胃小點——羊奶乳酪烤麵包片。將法國長棍麵包切成2公分厚圓片，塗上一茶匙蘋果醬（請參考「3-7蘋果醬」），再放上切片成1公分厚的羊奶乳酪，放入預熱好200℃的烤箱烘烤25分鐘，就是一道鹹甜中帶酸的簡單好滋味。

| 份　　量： | 小型塔40個（1吋）， |
| 中型塔10個（2吋），大型塔1個（10吋） |
難 易 度：	★ ★ ☆
烤箱溫度：	200℃
烘烤時間：	小型塔和中型塔約45分鐘，
大形塔約50～60分鐘

材料

◆1份鹹塔皮（請參考「3-10鹹塔皮」）　◆160g新鮮綠蘆筍　◆20g無鹽奶油　◆2小片蒜頭
◆200g新鮮羊乳酪　◆160g新鮮奶油　◆1顆全蛋　◆2茶匙乾燥百里香　◆少許食鹽　◆少許白胡椒

作法

1　新鮮蘆筍、蒜頭洗淨，蘆筍切丁，蒜頭切細丁備用。

2　炒鍋裡放入奶油。

3　奶油融化後，放入新鮮蘆筍和蒜頭炒香炒軟。

4　加入乾燥百里香拌炒一下。

5　加入食鹽與白胡椒調味。

6　拌炒均勻。

1

7　起鍋放入碗裡備用。

8　鋼鍋裡放入新鮮奶油和全蛋。

9　用打蛋器攪拌均勻備用。

10　塔模鋪上烘焙紙。

11 在工作檯和塔皮撒上少許麵粉，用擀麵棍擀開。

12 塔皮擀成0.3公分厚。

13 放上花形印模，壓一下鹹塔皮。

14 印花好的鹹塔皮放在矽膠耐烤模具上，或鋪好烘焙紙的烤模上。

15 用叉子戳上幾個洞（圖15、15-1）。

16 再鋪上另一張烘焙紙（圖16、16-1）。

17 鋪好烘焙紙的塔皮上，鋪上烘焙豆或黃豆。

18 放入200℃火溫預熱10分鐘的烤箱烘烤15分鐘。

19 移出烤箱，拿掉烘焙豆或黃豆。

20 在鹹塔底部鋪上一層新鮮羊乳酪。

21 放上炒過放涼的蒜頭蘆筍。

22 淋上新鮮奶油蛋汁約9分滿。

23 放入200℃火溫預熱10分鐘的烤箱烘烤25～45分鐘。

24 移出烤箱裝盤，即可食用。

Finish ▶▶▶

小叮嚀

1 可製作不同大小的羊乳酪蘆筍塔，小的可當開胃鹹點，中型或大型可當前菜。大型製作好再切
成8等份即可，成為8人份前菜或簡餐，搭配新鮮沙拉一起食用。

2 塔皮須先烘烤15分鐘，再裝餡烘烤。請依塔的大小自行調整裝餡後烘烤時間，小型和中型約烤
25～30分鐘，大型則烤45分鐘。

3 依照同樣製作方式，自行變換材料，即可成為其他口味鹹塔。

7-8　*Tartelettes aux asperges et au fromage de chèvre*

7-9

三色麵包棒佐卡蒙貝爾熱乳酪
Bâtonnets au camembert chaud

法文麵包棒又稱為Gressin，義大利文為Grissini。細長條如棍子般烘烤變硬的麵包棒，起源於14世紀的義大利，是義大利人搭配開胃酒的鹹點。沾麵包棒吃的卡蒙貝爾乳酪，則來自法國諾曼地奧吉區（Pays d'Auge）的卡蒙貝爾村。傳說18世紀後期，居住在卡蒙貝爾村的農婦瑪麗‧阿海爾（Marie Harel），在法國大革命時接濟一位逃難神父，神父躲在瑪麗家期間把製作布里乳酪的技術傳授給她，而後瑪麗生產出外層附著白黴菌內餡柔軟的卡蒙貝爾乳酪。有一次拿破崙三世下鄉來到諾曼地阿尚唐（Argentan），逗留期間，首次嘗到這款乳酪，他非常喜歡，交代他們定期送到巴黎杜樂麗宮（Palais des Tuileries），卡蒙貝爾從此聲名遠播。瑪麗的後代也傳承手藝，並在20世紀開始量產卡蒙貝爾乳酪，而後諾曼地生產的卡蒙貝爾乳酪更獲得AOC（Appellation d'origine contrôlée，產地名稱管制）的法定認證。

法國出產數百種乳酪，但諾曼地的卡蒙貝爾乳酪深受法國人喜愛！我也是它的忠實愛好者，雖然許多東方人對乳酪濃重的氣味敬而遠之，就像外國人也不敢領教我們的臭豆腐一樣，但其實只要多方嘗試，就能慢慢品味出它的濃純乳香滋味。尤其搭配紅酒一起食用，更是人間美味！卡蒙貝爾乳酪除了可切片冷食配生菜沙拉外，許多法國人也將它烤熱沾著麵包吃。以下配方則教讀者製作三種風味的義大利麵包棒，再佐諾曼地卡蒙貝爾熱乳酪，也是一道簡單美味的開胃鹹點。

份　　量：約90~100根
難 易 度：★ ★ ☆
烤箱溫度：200℃
烘烤時間：50~100分鐘

材料

◆ 500g高筋麵粉　◆ 300g水　◆ 1湯匙細砂糖　◆ 1茶匙食鹽　◆ 3湯匙橄欖油　◆ 20g白芝麻
◆ 1茶匙（約7g）乾燥麵包發酵粉　◆ 20g罌粟種子（Graine de pavot）　◆ 1茶匙乾燥羅勒粉
◆ 少許辣椒粉　◆ 少許乾燥蒜頭顆粒粉　◆ 半碗水（刷麵皮表面用）　◆ 1盒卡蒙貝爾乳酪

作法

1　大碗中放入水和麵包發酵粉。

2　加入細砂糖。

3　用手或木棍攪拌均勻，靜置10分鐘。

4　大缽裡放入過篩後麵粉，加入鹽巴。

5　用手在中央推成一個圓洞。

6　加入酵母水。

7　加入橄欖油。

8　用手或木棒攪拌均勻。

9　攪拌均勻後，搓揉麵團約10分鐘。

10　若麵團黏手，可撒點麵粉揉整。

11　至麵團表面光滑不黏手。

12　烤盤或塑膠托盤撒上少許麵粉備用。

 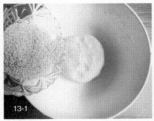 

13 麵團分成三等份，每份麵團各自加入罌粟種子、白芝麻或乾燥羅勒粉、辣椒粉、
　　乾燥蒜頭顆粒，揉整成麵團（圖13～13-2）。

14 放在撒好少許麵粉的烤盤或塑膠托盤，麵團撒上少許麵粉。

15 蓋上乾淨布巾。

16 靜置1小時發酵。

 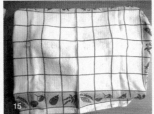 

17 烤盤鋪好烘焙紙備用。

18 準備好半碗水和蛋糕刷。

19 工作檯撒上少許麵粉。

20 放上一份麵團，以擀麵棍將麵團擀成約寬15公分×長20公分麵皮。

21 擀好麵團，表面均勻刷上少許水。

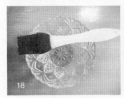   

22 均勻在麵團上方撒上罌粟種子。

23 旁邊準備好少許麵粉，滾輪切麵刀上稍微沾點麵粉。

24 先切成0.5公分寬橫條，再從中央切對半成小長條狀。

25 擺在鋪好烘焙紙的烤盤上，放入200℃預熱好10分鐘的烤箱烘烤約25分鐘。

26 麵包棒表面均勻烤成褐色，移出烤箱。

27 準備一份卡蒙貝爾乳酪。

28 打開包裝木盒，拿掉包裝紙。

29 再把乳酪放回木盒中。

30 準備一張鋁箔紙。

31 裝有乳酪的木盒放在鋁箔紙上，蓋上木盒蓋。

32 鋁箔紙均勻包裹乳酪木盒。

33 放在烤盤上。

34 放入200℃預熱好10分鐘的烤箱烘烤25分鐘。

35 拿出烤箱裝盤，拆開鋁箔紙，拿掉木蓋，即可拿麵包棒沾融化的卡蒙貝爾享用。

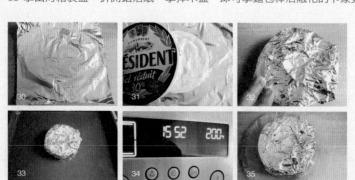

7-9 *Bâtonnets au camembert chaud*

小叮嚀

1 麵皮表面刷上水時切勿刷太多，若麵皮太濕，切條時容易沾黏，移至烤盤時影響外形。

2 另外兩種口味的麵團擀好後，撒料切條步驟請參考步驟21～24。請個別鋪上所需材料，如白芝麻或乾燥蒜頭顆粒即可。

3 麵包棒若一時吃不完，可放入塑膠密封保鮮盒裡。麵包棒放一段時間後變軟不脆，再放入以200℃預熱好10分鐘的烤箱熄火，用烤箱餘溫烘烤10分鐘去潮，再移出烤箱放涼，即可回復麵包棒的香脆感。

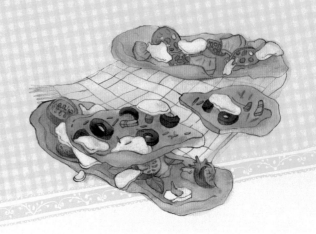

三重奏披薩
Trio pizzas

　　一般都說披薩來自義大利，它的歷史悠久且複雜，真正源起眾說紛紜。據說在公元997年，披薩首次出現義大利一本拉丁文書籍中，但Pizza一字的字源仍有爭議，有說是來自古高地德語的Bizzo或Pizzo，也有說是源於拉丁文Picea，或亞拉姆語Pita、古希臘語Pitta，或更古老的義大利語Pizzicare。不論名字來源為何，16世紀，義大利拿坡里（Napoli）有一種薄餅（Galette），當時是麵包師傅拿來測試爐火內溫度的生麵團，測溫用的生麵團在爐火內烘烤一會後，便放在大街上賤價販售，成了窮人食物。16世紀末，歐洲從美洲引進番茄，許多歐洲人認為番茄是茄屬植物，具有毒性，而沒拿來入菜。直到18世紀後期，拿坡里窮人才把番茄加在發酵麵團上，再加上橄欖油、香料一起烘烤或油炸成薄餅，至此披薩正式誕生，而番茄更成為披薩的重要佐料之一！從此這道加了番茄的窮人菜餚開始流行起來。19世紀有位廚師拉斐爾‧埃斯波西托（Raffaele Esposito），創作了以義大利國旗顏色白（乳酪）、紅（番茄）、綠（羅勒）為配方的三色披薩，命名為瑪格麗特披薩（Pizza Margherita），來紀念廣受義大利人尊敬的瑪格麗特皇后（Marguerite de Savoie）。

　　法國南部鄰近義大利，在食物口味上相似。雖說披薩已深入全世界，受到各國人民喜愛，但法國人熱愛披薩的程度無人能比。近年來，法國披薩連鎖店林立，大賣場裡擺滿

1 傳統市場臘腸攤陳列著各式各樣口味的乾臘腸，有原味、辣味、黑胡椒、乾黴臘腸等，每一種都美味好吃。
2 大賣場冷凍櫃展售的盒裝冷凍披薩，保存期限較長，適合無暇下廚不想動灶的忙碌上班族。
3 各種口味的現成冷藏披薩，有皇家披薩、瑪格麗特披薩、臘腸披薩、雙乳酪披薩等，保存期限只有一週。

各式冷凍現成披薩，回家只要放入烤箱烘烤一下就能飽餐一頓。新聞還曾報導，披薩外賣在法國各類型餐廳中是最夯最賺錢的行業。因為製作披薩不需要高級食材，成本低廉，加上售價不便宜，當然賺錢啊！難怪大街小巷也能看到披薩外賣車的蹤影。

　　義大利製作披薩以馬扎瑞拉乳酪（Mozzarella）為主要乳酪配方，法文則是Mozzarelle。披薩可利用各類乳酪和用料搭配出多種配方，法國披薩店內菜單上列出近30種，看得人眼花撩亂，不知該選哪一種。以下三種食譜是最受法國人喜愛的披薩配方，用火腿、蘑菇、黑橄欖或加少許洋蔥絲的是皇家披薩（Pizza Royale）；用乾辣腸、蒜頭或洋蔥、牛絞肉、綠青椒、羅勒做的是仙人掌（Pizza Cactus）；而用羊奶乳酪和艾蒙塔乳酪的則是雙乳酪（Deux fromage）。賣得最好的就是加了切丁火腿，以義大利三色旗為配方的瑪格麗特披薩，近來改良配方，多加了新鮮奶油（Crème fraîche），吃起來口感較濃郁香軟。大家可選擇自己喜歡的材料做變化，放入洋蔥絲、牛絞肉、玉米粒、肉腸、蝦仁、鳳梨丁等，但切記，請選擇不容易出汁的食材，烘烤出的披薩才會鬆脆好吃，否則就會變得軟綿又濕濕的。

份　　量：6人份
難 易 度：★ ★ ☆
烤箱溫度：210℃
烘烤時間：15~18分鐘

材料

+ 1份披薩麵皮（請參考「3-2披薩麵團」）
+ 2片巴約納火腿
+ 10顆黑橄欖
+ 1大顆新鮮蘑菇（小顆的則2顆）
+ 80g辣乾臘腸（Saucisse chorizo）
+ 4g新鮮羅勒葉
+ 2片新鮮蒜頭
+ 100g艾蒙塔乳酪
+ 100g羊奶乳酪
+ 少許乾香芹粉
+ 70g濃縮番茄醬
+ 6湯匙義大利麵番茄醬

作法

1　烤盤鋪好烤盤紙。

2　用開罐器打開濃縮番茄醬。

3　濃縮番茄醬放入碗裡，加入義大利麵番茄醬。

4　混合均勻備用。

5　艾蒙塔乳酪用刨絲器刨成絲，羊奶乳酪切成8片備用。

6　辣乾臘腸切片，巴約納火腿切丁備用。

7　蘑菇切薄片，蒜頭切薄片，羅勒切絲或切丁。

8　披薩麵團分成6等份。

9　用擀麵棍擀成長條狀。

10　成長約22公分，寬約12公分。

11　長條狀披薩皮用擀麵棍捲起。

12　平放在鋪好烘焙紙的烤盤上。

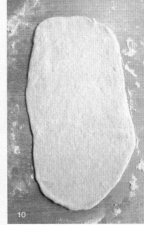
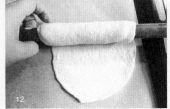

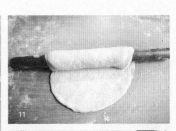

13　麵皮塗上混好的番茄醬，一份麵皮約1湯匙，麵皮邊緣留約0.5公分寬不塗醬。

14　用叉子均勻在麵皮上戳幾個洞。

15　依順序均勻擺上蒜頭片、辣乾臘腸片、羅勒葉等佐料。

16　放入210℃預熱好10分鐘的烤箱烘烤約15～18分鐘，接著準備擀另兩份披薩皮。

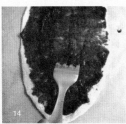

17 移出烤箱，放置盤中或涼架上。

18 依順序塗醬，戳洞，擺上蘑菇片、火腿丁、黑橄欖，放入烤箱烤15～18分鐘，再準備擀另兩份披薩皮。

19 依順序塗醬，戳洞，擺上艾蒙塔乳酪、羊奶乳酪。

20 撒上少許乾香芹粉，放入烤箱烘烤成熟。

21 移出烤箱趁熱吃或放涼，以披薩滾刀切小塊狀裝盤或直接盛盤食用皆可。

小叮嚀

1 想做成圓披薩可將麵皮擀成圓形，製作步驟同上，請隨個人需要做成開胃小菜或單人披薩皆可。

2 喜歡吃薄披薩皮，可在擀皮前將麵團分成8等份製成皮薄的法式披薩，但請自行減短烘烤時間，薄皮約15分鐘，厚皮約18分鐘。想吃蓬鬆的麵包披薩皮，可將餅皮擀好，靜置發麵30分鐘，再鋪料烘烤。

3 請自行斟酌自家烤箱的容量大小，依序製作與烘烤。

法式鮪魚醬
Rillettes de thon

從法式傳統肉醬（pâté）衍生出的一種改良肉醬，法文名叫rillette，可當麵包塗醬和配酒小菜。起源於15世紀法國中部安德爾-羅亞爾省（Indre-et-Loire）的杜漢（Touraine），最初是以肥豬肉文火烹煮，冷卻後用手或攪拌器攪碎，混入香料和少許酒類調味，成為油脂瘦肉混合的碎肉醬。食用方式是將碎肉醬塗抹在麵包片上吃，是法國人平時或聚餐的開胃小點，有人沒時間做飯，也拿來塗麵包當簡便一餐。除了豬肉，還可用禽類或魚類、兔肉做成碎肉醬。

魚肉醬則以鮪魚、鮭魚、金槍魚、鱒魚等味道較濃厚的魚種來製作，也有以鹽漬鹹魚（poisson salé）混合味道較淡的魚肉來製作，通常多會自製。法國市面上賣的魚醬以鮪魚和鮭魚居多，鮪魚賣得最好。一般法國家庭自製鮪魚醬的配方各有不同，有人以洋蔥或茴香莖（fenouil）來調味製作，加入香料，依自家口味做變化，但大多以洋蔥、蝦夷蔥、香芹或新鮮蒔蘿等，混上法式美乃滋或少許法式芥茉醬、胡椒粉為主。

台灣盛產鮪魚，可用新鮮鮪魚來製作，將鮪魚塗上食鹽靜置半小時入味，放些鹽巴在滾水中，放入鮪魚煮至全熟，加上調味料混合，就是新鮮鮪魚醬。法國各地和靠海地區都能買到新鮮鮪魚，但價格昂貴，一般人多用罐頭鮪魚代替。當然在超市也能買到已調味好、盒裝的各式肉醬、鮪魚醬，鮭魚醬，不用自己製作也能輕鬆上菜。這道法式鮪魚

醬作法超簡便！只要將所有材料混合在一起，不可能失手，對料理新手來說，是道容易製作的開胃酒前菜。宴客時，先將鮪魚醬提早幾小時前做好，讓洋蔥和香料完全入味，就算朋友突然來訪，馬上現做也不會手忙腳亂，迅速就能端出小菜待客。食用時，可搭各式麵包，切成小片，把鮪魚醬裝在漂亮容器裡，放在盤子中央，切片麵包則擺放在鮪魚醬旁，用湯匙或奶油刀塗在麵包上，或預先塗好直接裝盤上桌。

◆ 超市大賣場架上用圓紙盒包裝的各種風味魚醬，有鮪魚、鮭魚、金槍魚、鱒魚等，每一種配料不同，味道也不一。

| 份　　量：5~6人份，約50~60個 |
| 難易度：★☆☆ |
| 烤箱溫度：200℃ |
| 烘烤時間：20分鐘 |

材料

◆200g罐頭水煮鮪魚　◆35g法式美乃滋　◆50g洋蔥（約1小顆洋蔥）　◆2g蝦夷蔥（Ciboulette）
◆少許食鹽　◆少許5色胡椒粒粉（可轉動研磨的胡椒粒）　◆8片圓麵包片（佐鮪魚醬用）

作法

1　烤箱以200℃火溫預熱10分鐘。
2　麵包切成小塊片狀。
3　放置於烤盤，送入已預熱好的烤箱烘烤20分鐘。
4　移出烤箱放涼。

5　洋蔥去皮洗淨，切成小塊，或直接用刀剁成細丁。

6　放入食物攪拌機。

7　攪拌成小碎丁。

8　放盤中備用。

9　蝦夷蔥洗淨擦乾，切成細丁。

10　放盤中備用。

11　準備好法式美乃滋。

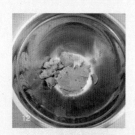

12　鋼鍋中放入擠乾水分的罐頭鮪魚。

13　加入洋蔥碎丁、蝦夷蔥、法式美乃滋、少許食鹽。

14　用湯匙背壓扁後，攪拌均勻。

15　研磨轉動8次5色胡椒粒粉。

16　攪拌均勻後，即可裝入漂亮碗裡，塗麵包片享用。

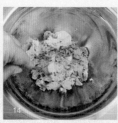

7-11 *Rillettes de thon*

小叮嚀

1　麵包種類可用自己喜愛的麵包，如長棍麵包切片，或土司切小片，烤與不烤皆可。

2　法式美乃滋作法請參考「3-17法式美乃滋」，若不想費工可買現成瓶裝美乃滋製作。

3　法式鮪魚醬可提前幾小時製作，使洋蔥和香料的香味完全融合在鮪魚醬裡，嘗起來風味較佳。

4　吃不完的法式鮪魚醬放在密封盒裡，放冰箱可冷藏2～3天。

香蔥藍黴乳酪一口酥

Bouchées aux oignons et
au fromage de Roquefort

以侯格堡羊奶藍黴乳酪和新鮮濃縮鮮奶油，與炒香後的洋蔥一起混合，裝入小四方形薄餅皮，烘烤成充滿濃郁乳酪香的酥脆鹹點。侯格堡藍黴乳酪是法國南部知名乳酪，以生羊奶加熱後，加入藍黴菌種（Penicillium roqueforti）凝乳2天，一旦凝結，再切割攪拌，放於模具中，使其自然滴乾水分，脫模撒鹽調味，放置陰涼地窖中2天，再移至蘇爾宗河畔侯格堡（Roquefort-sur-Soulzon）當地天然岩洞放置3個月，完成最後發酵階段；只有在此地石洞中發酵熟成的乳酪，才能稱為侯格堡羊奶藍黴乳酪。當我在法國職訓中心上課時，有一天上法國乳酪專業課，指導教師說了一則藍黴乳酪的小故事。傳說這個乳酪的由來，是一位喜歡追逐女人甚於照顧羊群的牧羊人，在一次放牧中，為了追逐一位美女，把他夾著新鮮山羊乳酪的野餐麵包，放在石洞中，經過一段時間追逐，還是沒追到這位美女，等他再回到石洞，卻發現那塊夾在麵包裡的羊奶乳酪，因洞穴中的藍黴菌種而變成藍霉乳酪，他拿起來嘗了一下，感覺味道還不賴，藍黴羊乳酪因此而發跡。也有人說藍黴乳酪在公元以前就已存在，到底它起源於何時，無人知曉，也沒有確切歷史記載。

侯格堡羊奶藍黴乳酪外形呈白色，藍黴點綴其間，口味略鹹，濕軟濃重的乳酪香，不習慣吃乳酪的人，會覺得它很臭。就像外國人說臭豆腐臭，我們卻覺得它很美味。乳酪要親自嘗過後，才會知道它其實沒有想像中難吃，應該說味道很特殊。我是法國乳酪的

大粉絲，外子老米常說我愛吃乳酪的樣子，比法國人更像法國人。外子能吃的乳酪只有兩三種，我卻是越臭的乳酪我越愛！我喜歡嘗試各種新食物，好進一步了解和研究各種料理和食材的運用，進而擦出新火花，創作出更多好吃的菜餚和甜點。這道配方中的洋蔥原本應該以茴香莖來製作，考慮到台灣讀者不易找到這個食材，便以隨手可得的洋蔥代替。若讀者能購得具茴香香味的茴香莖，可用一整顆茴香莖製作，會更有味道。

❖ 新鮮茴香莖

| 份　　量：約30個 |
| 難 易 度：★ ☆ ☆ |
| 烤箱溫度：180℃ |
| 烘烤時間：30分鐘 |

材料

❖ 120g侯格堡羊奶藍黴乳酪　❖ 100g新鮮濃縮鮮奶油　❖ 2顆中型洋蔥　❖ 2顆全蛋　❖ 6張超薄麵餅皮
❖ 2湯匙橄欖油　❖ 1湯匙沙拉油　❖ 少許食鹽　❖ 少許白胡椒粉

作法

1　烤盤上放上烤模。
2　兩顆全蛋去殼，放入碗中備用。
3　洋蔥去皮洗淨，切成細丁。
4　放入碗中備用。
5　炒鍋中放入2湯匙橄欖油。
6　切丁洋蔥放入炒鍋，以中火拌炒。
7　拌炒至軟化上色。
8　裝入碗裡備用。

9 鋼鍋裡放入侯格堡藍黴乳酪，用刀子切碎。

10 倒入新鮮濃縮鮮奶油。

11 加入全蛋。

12 用打蛋器攪拌均勻。

13 倒入三分之二炒好的洋蔥丁，和少許食鹽白胡椒粉調味，攪拌均勻。

14 取6張超薄麵皮，用刀子或披薩滾刀先切成四等份長條狀。

15 再橫切成四等份，成小正方形狀。

16 工作檯放上一張薄麵皮，手沾少許沙拉油，塗在麵皮中央。

17 斜放上另一張薄麵皮，手沾少許沙拉油，塗在麵皮中央。

18 再斜放上最後一張薄餅皮。

19 將三張黏在一起的薄餅皮放在烤模上，壓一下中央。

20 重複步驟16～19，直到所有薄餅皮全部鋪好在烤模裡。

21 用茶匙舀入1茶匙乳酪內餡至9分滿，直到所有薄餅皮都裝餡。

22 在內餡上方均勻鋪上剩下三分之一炒好的洋蔥丁。

23 待全部都鋪好。

24 放入180℃預熱好10分鐘的烤箱烘烤30分鐘。

25 移出烤箱，趁熱或放涼食用皆可。

Finish ▶▶▶

小叮嚀

1 若找不到薄麵皮（feuille de filo），可以另一種薄餅皮（feuille de brick）代替，
  或用生春捲皮代替，但放兩層就好。

2 可用其他乳酪代替變化口味，如各種口味的羊乳酪、牛奶乳酪，
  若以硬乳酪製作可刨絲後，再混合其他材料一起調味製作。

3 若想在外形上作變換，可將裝好內餡的餅皮凸出部分往
  內摺，沾上內餡，呈燒賣狀。

7-12

*Bouchées aux oignons et
au fromage de Roquefort*

迷你海鮮餡餅
Mini tourtes aux fruits de mer

法文tourte意為圓餡餅，以肉類、蔬菜、海鮮為主，上下層包裹塔皮或派皮，烘烤成法國傳統餡餅。餡餅上覆蓋了另一張派皮或塔皮，使得內餡於短時間內烘烤成熟，保留肉餡的柔軟與香氣。最古老的配方記載於14世紀初，一本名叫*Liber Coquina*的拉丁文食譜書裡，名稱是La torta parmigiana，書中的作法是在餡餅中，共覆蓋了六層不同材料，如碎肉、火腿、蔬菜等。

法國各地也有其地方特色的餡餅，例如東北亞爾薩斯的亞爾薩斯餡餅（Tourte à l'alsacienne），以小犢牛肩肉和里肌豬肉為主要材料，混上香料、白酒、蛋黃和香蔥成內餡。東北洛林的洛林餡餅（Tourte lorraine），以五花碎肉和里肌豬肉加上香料，混入少許當地產的雷斯令白酒（Riesling）調味。另外，中部貝里（Berry）的貝里餡餅（Tourte berrichonne）或充塞餡餅（Truffiat），以及西南利穆贊區的馬鈴薯餡餅（Pâté aux pommes de terre），都是在餡餅裡包裹五花碎肉、馬鈴薯、洋蔥、西洋芹和新鮮奶油。

傳統上做成8～10吋的大型餡餅，食用時再分切等份，配上新鮮食蔬、沙拉一起食用。法國高級餐廳則以3吋大小的個人餡餅呈現。你可以利用這個配方做出不同大小的餡餅，應對不同餐會場合，大餡餅屬於家庭聚餐，個人塔則有簡潔時尚感，迷你餡餅則適合當開胃酒鹹點。

份　　　量：	6~8人份，小型約30個（1吋），
	中型約8個（2吋），大型1個（10吋）
難 易 度：	★ ★ ☆
烤箱溫度：	200℃
烘烤時間：	小型和中型約20～25分鐘，
	大型約30～40分鐘

材料

- 2張派皮（請參考「3-10基本派皮」）　• 200g 冷凍綜合海鮮（淡菜、蝦仁、魷魚）
- 60g韭蔥　• 70g新鮮奶油　• 2茶匙低筋麵粉　• 1茶匙乾燥百里香　• 1茶匙法式芥末醬
- 1湯匙橄欖油　• 1湯匙白芝麻　• 1顆蛋黃　• 200g煮過綜合海鮮的水　• 少許食鹽　• 少許白胡椒

作法

1　深鍋裡裝入約500g清水。

2　倒入退凍後的綜合海鮮煮滾。

3　過篩，取200g煮過綜合海鮮的水備用。

4　煮過的綜合海鮮放在碗裡稍微放涼。

5　切成小丁備用。

6　韭蔥切對半，再切成細絲備用。

7　炒鍋裡放入橄欖油加熱。

8　放入切絲韭蔥。

9　拌炒軟化。

10 加入乾燥百里香。

11 放入低筋麵粉。

12 拌炒均勻。

13 加入煮過綜合海鮮的水。

14 拌炒濃稠。

15 加入新鮮奶油拌炒均勻。

16 加入切丁綜合海鮮。

17 加入食鹽、白胡椒調味。

18 拌炒收汁。

19 離火拌入法式芥末醬。

20 拌勻後，放涼備用。

21 蛋黃與蛋白分開，取蛋黃備用。

22 烤盤放上矽膠耐溫小塔烤模。

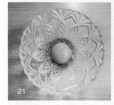

23 工作檯和派皮撒上少許麵粉，用擀麵棍擀開。

24 2張派皮分別擀開。

25 擀成約0.3公分厚的四方形或長方形。

26 用印模壓一下派皮。

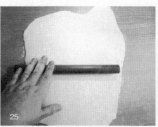

27 鋪在烤模上，壓一下派皮中心，使稍成凹形。

28 再用印模壓製剩餘派皮約30份。

29 30份花形派皮放一旁備用，作為鋪頂用。

30 用茶匙舀入炒好的海鮮內餡至8分滿。

31 蓋上鋪頂派皮。

32 用手捏合一下上下派皮。

33 用蛋糕刷在派皮上刷上蛋黃汁。

34 撒上少許乾燥百里香。

35 撒上少許白芝麻。

36 放入200℃預熱好10分鐘的烤箱烘烤20分鐘。

37 移出烤箱即可上桌食用。

7-13　　Mini tourtes aux fruits de mer

小叮嚀

1　若鋪頂用的派皮不夠用，可將剩下多餘不成形的派皮揉和一下，再撒點麵粉擀平印製即可。

2　蓋上鋪底派皮後，一定得捏合上下派皮，以防烘烤時上下派皮因烘烤加熱而迸開，影響外觀。

3　請依照製作大小調整烘烤時間。

不列塔尼奶油焗干貝
Coquilles Saint-Jacques à la bretonne

扇貝（Coquilles Saint-Jacque）盛產於北大西洋和地中海地區，也盛產於法國北部加萊海峽、諾曼地及不列塔尼外海。每年10月至5月，法國嚴格規定只能捕抓附著在淺海岩石或沙質海底生活的扇貝，而且大小要超過10.2公分才能捕，小於10.2公分就得放回海中，等其長大再捕捉。扇貝最佳的賞味期是在每年11月至1月，此時是盛產季節，干貝特別甜美。西部不列塔尼外海出產珍稀小扇貝（Pétoncle），因而開創出不列塔尼奶油焗干貝這道海鮮美食。這道配方以當地生產的新鮮去殼小扇貝（Noix de pétoncle）來製作，台灣讀者若找不到新鮮小扇貝，可用冷凍干貝替代，待完全退凍再製作。這道奶油焗干貝，不論在傳統市場、熟食店，或是大賣場都能買到，製作方法簡單，做好放涼，包上保鮮膜，再裝入冷凍保鮮袋可保存一個月。食用前，再將烤箱預熱烘烤，吃起來就像剛做好的一樣。記得剛來法國時，去傳統市場買鮮魚，一眼就被干貝殼盛裝的海鮮干貝盅給吸引，當下就買回來嘗鮮，後來才知道它的製作方式也很簡單好做。

法國人過節或特殊家庭聚會時，這道料裡通常拿來當前菜頭盤，搭配長棍麵包或其他圓球狀切片全麥麵包，吃到餘留奶油白醬汁時，再用麵包沾著白醬一起吃，但這種吃法只適合在自家與親朋好友的家庭餐會，若受邀於高級餐廳用餐，或是在法國人家作客，這麼做可是有失餐桌禮儀！如果真的很想用麵包沾醬來吃，請將麵包用手撕成小塊，用叉子叉上麵包，沾上醬，再用叉子送入口，就可保持優雅的用餐禮儀。

份　　量：6人份
難 易 度：★ ☆ ☆
烤箱溫度：220℃
烘烤時間：15分鐘

材料

⋆ 350g新鮮小扇貝　⋆ 30g無鹽奶油　⋆ 6 顆新鮮紅蔥頭或2顆洋蔥　⋆ 200g白酒　⋆ 60g麵包粉
⋆ 150g新鮮奶油　⋆ 10g低筋麵粉　⋆ 少許食鹽　⋆ 少許白胡椒　⋆ 少許乾燥西洋芹粉

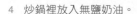

作法

1 新鮮紅蔥頭洗淨去皮切成小丁備用。

2 烤盤鋪好烘焙紙備用。

3 放上六個干貝殼，或是圓形耐烤烤盅。

4 炒鍋裡放入無鹽奶油。

5 當奶油融化後，放入切丁紅蔥頭。

6 炒至鬆軟上色。

7 放入干貝。

8 加入低筋麵粉拌炒均勻。

9 倒入白酒拌炒均勻。

10 加入新鮮奶油拌勻。

11 加入白胡椒、食鹽、乾燥西洋芹粉拌勻。

12 加入40g麵包粉。

13 攪拌均勻離火。

14 用大湯匙舀入乾貝殼或圓形烤盅至八分滿。

15 在干貝泥上均勻撒上剩下的20g麵包粉。

16 放入220℃預熱好10分鐘的烤箱烘烤15分鐘。

17 移出烤箱,即可盛盤趁熱食用。

7-14 *Coquilles Saint-Jacques à la bretonne*

小叮嚀

1 手邊若沒有法式麵包粉，可用日式麵包粉代替，或是將麵包、土司烘烤乾燥後
   磨成粉狀，即是麵包粉。

2 小扇貝在台灣比較難尋，可用一般新鮮干貝或冷凍干貝退凍，切成約1公分小
   丁代替小扇貝。

3 在步驟13可試一下鹹味，再自行斟酌增加鹹度。

法式焦糖洋蔥香腸派

Feuilletés aux saucisses
et aux oignons confits

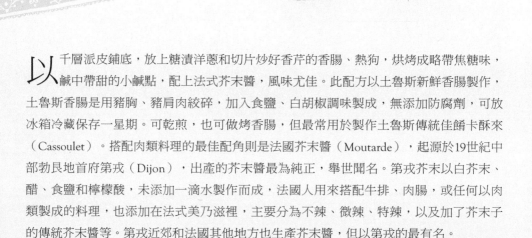

以千層派皮鋪底，放上糖漬洋蔥和切片炒好香芹的香腸、熱狗，烘烤成略帶焦糖味、鹹中帶甜的小鹹點，配上法式芥末醬，風味尤佳。此配方以土魯斯新鮮香腸製作，土魯斯香腸是用豬胸、豬肩肉絞碎，加入食鹽、白胡椒調味製成，無添加防腐劑，可放冰箱冷藏保存一星期。可乾煎，也可做烤香腸，但最常用於製作土魯斯傳統佳餚卡酥來（Cassoulet）。搭配肉類料理的最佳配角則是法國芥末醬（Moutarde），起源於19世紀中部勃艮地首府第戎（Dijon），出產的芥末醬最為純正，舉世聞名。第戎芥末以白芥末、醋、食鹽和檸檬酸，未添加一滴水製作而成，法國人用來搭配牛排、肉腸，或任何以肉類製成的料理，也添加在法式美乃滋裡，主要分為不辣、微辣、特辣，以及加了芥末子的傳統芥末醬等。第戎近郊和法國其他地方也生產芥末醬，但以第戎的最有名。

　法式焦糖洋蔥香腸派除了做成花形外，還有其他兩種作法，一是派皮切成橫條寬派皮，上面鋪上糖漬洋蔥，放上熱狗，以包壽司方式捲起來，用銳刀切成約2公分寬小條狀，派皮刷上蛋汁，撒上黑白混合芝麻。另一種是將派皮切成小四角狀，放上少許糖漬洋蔥，再放切細片熱狗，對摺成小三角形，派皮塗上蛋汁，撒上少許乾香芹粉或乳酪絲一起烘烤，就成了口味相同但外形迥異的法式焦糖洋蔥香腸派！讀者可選擇自己喜歡的造型來製作這道鹹點。最後再將去邊去角後剩餘多出來不成形的派皮扳成小塊，撒上少許蒜粉、胡椒粉、食鹽、辣椒粉等，就是另一道口味單純的酥烤派皮小鹹點。

份 量	約20~25個
難易度	★ ★ ☆
烤箱溫度	200℃
烘烤時間	20分鐘

材料

- 1份千層派皮（請參考「3-10基本派皮」）
- 150g法式糖漬洋蔥（請參考「3-18法式糖漬洋蔥」）
- 1條土魯斯香腸（saucisse de Toulouse）
- 3條熱狗（saucisse de Strasbourg）
- 1湯匙乾香芹粉或切碎新鮮香芹　•少許食鹽
- 少許白胡椒粉　•2湯匙法式芥末醬（moutarde de Dijon）
- 5g黑白混合芝麻　•1顆蛋黃（塗派皮用）

作法

1 烤盤鋪上烘焙紙備用。

2 蛋白與蛋黃分開，取蛋黃攪拌均勻，新鮮香芹切成細碎丁。

3 炒鍋熱後，放入香腸，兩面煎至半熟上色。

4 香腸用銳刀切10片約0.5公分厚。

5 再將香腸倒回炒鍋兩面煎上色，放入切細丁香芹。

6 加入少許食鹽、白胡椒粉調味，稍微拌炒一下就好。

7 起鍋放在盤中備用。

8 工作檯與派皮撒上少許麵粉。

9 用擀麵棍擀開，成約0.3公分厚，長寬約30公分。

10 以小花形印模印製10個印花，放在鋪好烘焙紙的烤盤上。

11 派皮裁掉多餘邊緣，裁成2片橫長條狀。

 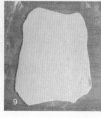  

12 再分成8等份小正方形派皮。

13 派皮四周刷上少許蛋黃汁。

14 放上少許糖漬洋蔥和1片熱狗。

15 對摺成三角形。

16 放在鋪好烘焙紙的烤盤上。

17 派皮裁成橫長條狀，底端鋪上糖漬洋蔥，在頂端刷上蛋黃汁。

18 放上一整條熱狗。

19 像捲壽司般，由下往上捲好，放盤裡置於冰箱冷凍庫10分鐘。

20 花形派皮放上少許糖漬洋蔥。

21 擺上炒好的香芹香腸。

22 冷凍變硬的長條熱狗派皮，用刀切成約2公分寬小段狀。

23 三角派皮與圓段熱狗派皮刷上蛋黃汁。

24 派皮上撒上少許黑白芝麻。

25 所有派皮都撒上芝麻。

26 放入200℃預熱好10分鐘的烤箱烘烤20分鐘。

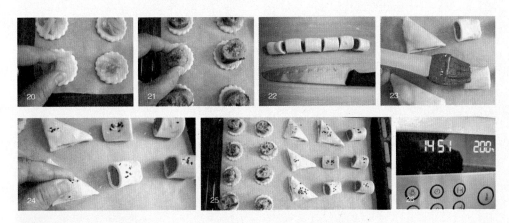

27 法式芥末醬放入裝有小圓形擠花嘴的擠花袋或保鮮袋中。

28 移出烤箱在花形香腸派擠上一小點法式芥末醬裝飾，即可裝盤趁熱
　 或放涼食用。

Finish ▶▶▶

7-15 *Feuilletés aux saucisses et aux oignons confits*

小叮嚀

1　製作法式焦糖洋蔥香腸派前，請先將派皮與法式糖漬洋蔥準備好，再行製作。

2　香腸切片時，若太燙手，可用一支叉子固定香腸，再用另一隻手拿刀切片。

3　將擠花嘴裝入塑膠保鮮袋時，要先剪角再將擠花袋裝入保鮮袋中，再用透明膠帶黏住擠花嘴與保鮮袋間，使其固定。

4　若不喜歡法式芥末醬味道，可用新鮮香芹裝飾，或再放上少許糖漬洋蔥皆可。

煙燻鮭魚閃電泡芙
Mini éclairs au saumon

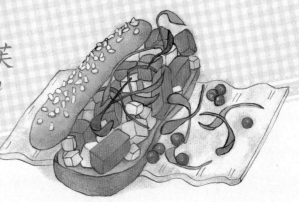

以泡芙為主體，中間夾著煙燻鮭魚混合香辛料和鹹乳酪的內餡，適合當宴客餐會的開胃鹹點。泡芙基本奶油糊餡源自於16世紀，是由法王亨利二世的妻子，出身義大利權貴世家梅迪奇家族的凱薩琳皇后（Catherine de Medici）出嫁時帶來的廚子引進法國的。

基本奶油糊餡裝入擠花袋，擠出不同外形，烘烤後擠入鹹或甜內餡，變化出各式各樣的鹹甜泡芙，名稱也各有不同。配方中的煙燻鮭魚多產於歐洲和北美洲，以新鮮鮭魚經過鹽醃，再經冷燻或熱燻等特殊煙燻過程，價位上比一般新鮮鮭魚高出許多。煙燻鮭魚經常當作前菜冷盤或開胃酒點心上的裝飾，如將燻鮭魚切成薄片，鋪在盤中澆上少許檸檬汁和新鮮蒔蘿，佐上酸豆，稱為薄片燻鮭魚（Carpaccio au saumon），或澆上酸豆新鮮奶油乳酪醬，即是前菜冷盤。法國人多利用烤好的法國麵包片或小圓形鬆餅，鋪著切片洋蔥和酸豆、小片燻鮭魚裝飾提味，即成歐美風開胃小點；不太敢吃生魚片的法國人則將它們包在捲壽司裡提味。除了以煙燻鮭魚為夾餡配方外，還可用鮭魚子或新鮮去殼蟹肉絲、鮪魚餡、去殼鮮蝦等變化口味。法國的婚宴餐會，開胃酒自助餐檯上，總少不了各種造型口味的迷你閃電泡芙。

材料

〔泡芙〕

◆ 100g水 ◆ 50g無鹽奶油
◆ 5g食鹽 ◆ 100g低筋麵粉
◆ 3顆全蛋

份　　量：6人份，約30個
難 易 度：★★★
烤箱溫度：200℃
烘烤時間：30分鐘

〔內餡〕

◆ 250g煙燻鮭魚 ◆ 300g新鮮白乳酪（Fromage blanc）
◆ 1顆小紅蔥頭 ◆ 4根蝦夷蔥 ◆ 半顆檸檬汁
◆ 少許乾蒔蘿 ◆ 少許辣椒粉 ◆ 少許食鹽
◆ 少許白胡椒粉 ◆ 少許新鮮蒔蘿（與裝飾用）

作法

1　3顆全蛋去殼後放碗中備用。
2　烤盤鋪上烘焙紙備用。
3　深鍋裡放入水、無鹽奶油、食鹽。
4　以中火煮滾。
5　加入麵粉，一邊用木勺或打蛋器急速攪拌。
6　直到麵粉和奶油水混合均勻為止。
7　加入一顆全蛋攪拌均勻。
8　再加入一顆全蛋繼續攪拌均勻。
9　加入最後一顆全蛋。
10　攪拌至完全均勻。

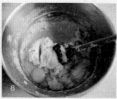

11 準備一只裝有圓形擠花嘴的擠花袋。

12 生泡芙餡裝入擠花袋。

13 擠成約大拇指大小的1字形。

14 全部擠好在烤盤上。

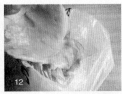

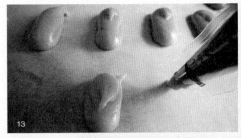

15 放入200℃預熱好10分鐘的烤箱烘烤30分鐘。

16 移出烤箱放涼備用。

17 半顆檸檬擠成汁備用。

18 紅蔥頭切細丁、新鮮蒔蘿切細絲、蝦夷蔥切成小細段放盤中備用。

19 鋼鍋裡放入新鮮白乳酪。

20 放入切好的香蔥、蒔蘿、蝦夷蔥。

21 倒入半顆檸檬汁。

22 加入少許食鹽與白胡椒粉、辣椒粉。

23 用蛋糕刮刀攪拌均勻。

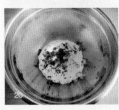

24 取150g煙燻鮭魚,切成細小丁。

25 放入鋼鍋。

26 攪拌均勻。

27 剩餘煙燻鮭魚,切成約寬1公分×長2公分大小備用。

28 放涼泡芙橫切對半。

29 混好內餡裝入擠花袋。

30 在鋪底泡芙上擠上少許內餡。

31 蓋上泡芙蓋。

32 盛盤。

33 裝飾上切片煙燻鮭魚。

34 鮭魚片上方裝飾上少許新鮮蒔蘿,即可上桌享用。

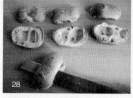

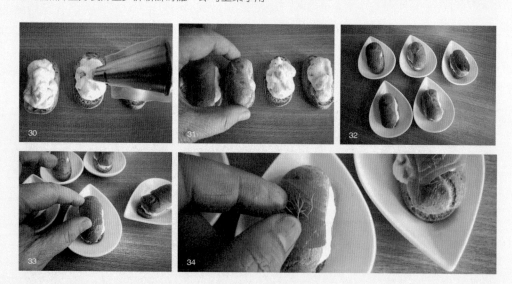

7-16　Mini éclairs au saumon

小叮嚀

1　烘烤泡芙時，若烘烤時間未到，請勿開啟烤箱門，以免泡芙遇到冷空氣變扁塌，影響外形。

2　裝入煙燻鮭魚乳酪內餡的擠花嘴，請放大圓口形擠花嘴，較容易擠出內餡。

3　擠入內餡時，切勿擠太多，影響蓋合泡芙蓋。

4　若想變換內餡材料，混合內餡時請加入其他配方如蟹肉、鮪魚、鮭魚子等，再變換相同內餡
　　配方材料，在泡芙上方做裝飾。

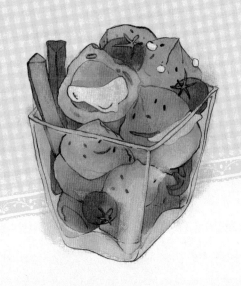

7-17

雙乳酪鹹泡芙
Petites gougères aux deux fromages

泡 芙起源於16世紀，以泡芙麵糊為主體，擠成迷你小圓形，在泡芙上方撒上法國東南部薩瓦省（Savoie）出產，由新鮮牛奶加熱凝乳，精煉成的硬奶酪格律耶乳酪（Fromage gruyère），以及磨成粉狀有「乳酪之王」稱號的義大利帕馬森乳酪（Fromage parmesan），再加入香辛料，烘烤成微辣的雙味乳酪泡芙。泡芙裡擠入乳酪奶油白醬，沒有華麗外觀，卻有著濃純乳酪香的鹹泡芙，令人胃口大開，一口接一口不停往嘴裡塞，就算不另外加入乳酪奶油內餡，單吃烤好的泡芙也很爽口。法國各地盛產牛奶，不僅能製作乳酪，經加工後成為各種乳製食品，如：固態和液態奶油、優格奶酪、煉乳、奶粉等。

　　法國各地出產的乳酪和奶油，是法國家庭冰箱必備食品。製作泡芙的奶油又分無鹽和半鹽兩種，在我居住的不列塔尼省，居民習慣用半鹽奶油來製作糕點料理和配塗麵包，其他省分居民則較常用無鹽奶油，這是不列塔尼人特有的生活習慣，我也像當地人一樣習慣吃麵包時塗半鹽奶油。製作鹹泡芙，可使用半鹽奶油來代替無鹽奶油和食鹽，直接和水、低筋麵粉一起拌煮，再和蛋混合成泡芙體麵糊。乳酪是法國人的日常食物，食用甜點前必定享用幾小片塗上奶油和乳酪的麵包，再以甜點收尾。而這道雙乳酪鹹泡芙則適合當開胃點心或前菜，或是下午茶的午後小鹹點。

份　　量：約25~30個
難 易 度：★ ★ ☆
烤箱溫度：200℃
烘烤時間：30分鐘

材料
〔乳酪鹹泡芙〕

• 100g水　• 50g無鹽奶油　• 5g食鹽　• 100g低筋麵粉
• 3顆全蛋　• 25g格律耶乳酪　• 25g帕馬森乳酪粉
• 1g豆蔻粉　• 少許辣椒粉

〔奶油乳酪白醬〕

• 30g低筋麵粉　• 30g半鹽奶油　• 300g新鮮牛奶　• 20g帕馬森乳酪粉

作法〔乳酪泡芙體〕

1　烤盤鋪好烘焙紙。

2　兩種乳酪和豆蔻粉、辣椒粉一起混合均勻備用。

3　三顆全蛋去殼放入碗中備用。

4　深鍋裡放入水,加入無鹽奶油和食鹽。

5　以中火煮沸。

6　沸騰後,加入麵粉。

7　用木勺或打蛋器急速攪拌混合,直到麵粉與奶油水
　　混合均勻為止,離火。

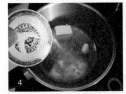

8　加入一顆全蛋攪拌均勻。

9　再加入一顆全蛋,繼續攪拌均勻。

10　再加入最後一顆蛋攪拌均勻。

11 裝入放有圓頭擠花嘴的擠花袋。

12 擠成約5元硬幣大小的圓形。

13 在泡芙上方撒上混合好的雙乳酪粉料。

14 放入200℃預熱好10分鐘的烤箱烘烤30分鐘。

15 移出烤箱放涼備用。

作法〔乳酪鹹內餡與裝餡〕

1 炒鍋裡放入半鹽奶油，使其融化。

2 奶油融化後，放入低筋麵粉。

3 用打蛋器拌炒均勻。

4 加入一半牛奶，混合均勻。

5 再混入剩下牛奶混合均勻。

6 奶油白醬開始濃稠。

7 加入帕馬森乳酪酪粉，攪拌均勻。

8 加入食鹽與白胡椒、辣椒粉調味。

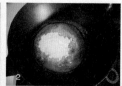

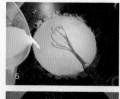

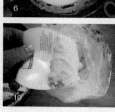

9 放涼至變稠不流動。

10 白醬攪拌一下，裝入尖嘴圓形擠花嘴的擠花袋。

11 用筷子在泡芙底部打個洞。

12 擠入泡芙至七分滿，即可上桌。

7-17 *Petites gougères aux deux fromages*

小叮嚀

1　特別注意，烘烤小泡芙時，切勿打開烤箱，否則會整個扁塌，影響外觀。

2　若手邊無Cayenne辣椒粉，可以隨手可得的現成辣椒粉代替。

3　乳酪泡芙一時吃不完，可放冷藏。食用前再以同樣溫度預熱10分鐘後再烘
　　烤20～25分鐘，即可享用。

女王蘑菇千層派
Bouchée à la Reine

法國東北洛林地區的地方特色料理，起源於17世紀。這道法國傳統前菜，其名字來自法王路易十五波蘭裔妻子瑪麗皇后（Marie Leszczyńska）。歐洲瑞士和比利時稱這道料理為「vol-au-vent」（隨風飛翔）。洛林地區傳統做法是以圓筒千層派皮為主體，中央灌入以牛犢、羊羔的胸腺（Ris de veau），或牛犢肉、雞肉等，加上香蔥、蘑菇、奶油白醬、香辛料混合拌炒成的蘑菇濃肉醬，成為一道非常道地洛林風味的法式前菜頭盤。

　　台灣不易找到小牛犢、羊羔的胸腺，在此以雞肉來代替。這道料理配上綠色沙拉做為前菜，或在盤中鋪滿內餡即可變成主菜，或做成迷你外形，即是精緻小鹹點。法國餐廳很少以這道菜為頭盤，較常在超市冷凍櫃和熟食專賣店看到現成料理好的。喜愛奶油白醬風味的讀者，一定會喜歡這香酥派皮和蘑菇奶油白醬雞肉餡香濃柔軟的口感。烘烤派皮時，若想讓派皮較為直聳，可將派皮鋪好放在烤盤上，再放上一個比派皮外圍大些的圓形空心慕斯模，可幫派皮烘烤拱起時輔助定形。法國大型超商有販賣製作烘烤好的派皮底座，不想花時間製作派皮底座，可買現成的，只須製作內餡，再將熱奶油白醬內餡裝入烤熱的現成底座派皮，即可輕鬆上桌享用。

材料

〔派皮底座〕

◆ 2張千層派皮（請參考「3-10基本派皮」） ◆ 1顆蛋黃

〔內餡〕

◆ 150g雞胸肉 ◆ 100g新鮮蘑菇 ◆ 2顆紅蔥頭 ◆ 40g低筋麵粉 ◆ 50g半鹽奶油 ◆ 400g牛奶（或雞湯）
◆ 100g新鮮奶油 ◆ 少許白胡椒粉 ◆ 少許食鹽 ◆ 少許豆蔻粉 ◆ 半顆檸檬汁

作法〔派皮底座〕

1 蛋黃和蛋白分開，取蛋黃備用。

2 烤盤鋪上烘焙紙備用。

3 在工作檯和派皮撒上少許麵粉，用擀麵棍
　將派皮稍微均勻壓一下。

4 擀成約0.5公分厚。

5 用花形餅乾印模重壓一下。

6 放在鋪好烘焙紙的烤盤上，共9份。

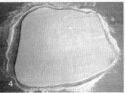

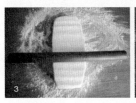
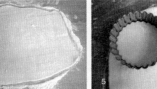

7 在派皮周圍塗上蛋黃液備用。

8 再擀平另一張派皮，壓好另外9個花形派皮。

9 每個花形派皮印壓上一個小圓。

10 小心將空心圓派皮鋪在塗好蛋黃液的底座派皮上。

11 將小圓派皮放在烤盤上，並在派皮上均勻塗上蛋黃液。

12 放入240℃預熱好10分鐘的烤箱烘烤25分鐘。

13 移出烤箱，備用。（在烘烤派皮期間，炒內餡。）

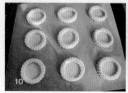  

作法〔內餡〕

1　紅蔥頭和磨菇洗淨，紅蔥頭切成細丁，蘑菇切小塊備用。

2　雞胸肉切成細丁備用。

3　半顆檸檬擠汁備用。

4　鍋裡放入10g半鹽奶油，香蔥細丁炒香，並繼續炒至9分熟。

5　加入切丁蘑菇用大火拌炒7分熟。

6　將炒好的紅蔥頭蘑菇放在盤子裡備用。

7　原炒鍋裡放入10g半鹽奶油，將切丁雞胸肉加點鹽、白胡椒調味炒熟。

8　放入裝有紅蔥頭蘑菇的盤中備用。

9　剩下的半鹽奶油放入鍋中融化。

10　放入低筋麵粉翻炒均勻。

11　加入牛奶。

12　用打蛋器攪拌均勻變濃稠。

13　加入檸檬汁和新鮮奶油繼續攪拌均勻。

14　加入炒好紅蔥頭雞肉蘑菇、雞胸肉，在鍋中繼續翻炒煮滾後，
　　加入少許食鹽、白胡椒粉、豆蔻粉拌勻調味。

15　離火。

16　烤好的花形派皮，用湯匙挖掉中心派皮。

17　舀入炒好的內餡，裝滿花形派皮。

18　剩餘的奶油雞肉蘑菇，裝飾在盤底，再放上裝好內餡的蘑菇千層派，蓋上小圓派皮趁熱享用。

Finish ▶▶▶

$$7\text{-}18 \quad \textit{Bouchée à la Reine}$$

小叮嚀

1. 先將內餡製作材料洗淨、切丁，烘烤派皮時，將內餡製作好，待派皮烘烤成熟，即可馬上裝入熱內餡。

2. 烤好的派皮中央挖開洞時，只要稍微挑開，勿挖斷底部，讓內餡方便填充即可。

3. 步驟11，拌炒後的麵粉奶油，混合牛奶時，可先加入一些牛奶混合均勻，再加入剩餘的牛奶混合，否則麵粉很容易結成顆粒狀，不易混合。可使用打蛋器輔助混合均勻。

4. 步驟5加入蘑菇，一定要用大火拌炒以防蘑菇出汁，若蘑菇出汁，請濾掉多餘水分，否則炒好的奶油白醬易產生混濁黑色汁液，影響美觀。

5. 印模後剩下的派皮可做成各種造型，在派皮上依序撒上食鹽、白胡椒、辣椒粉、乾燥蒜頭粒、乳酪絲、乾燥西洋芹粉等，放入以200℃預熱好的烤箱烘烤25分鐘，即可成為另一種簡易辣味乳酪開胃小鹹點。

乳酪舒芙蕾
Soufflé au fromage

舒芙蕾（Soufflé）的法文字義是「鼓起來，膨脹」的意思。18世紀有本書 *Le cuisiner moderne* 記載著舒芙蕾食譜，真正起源年代不詳。傳統食譜以蛋黃、牛奶、奶油和麵粉，混合發泡蛋白製成乳酪麵糊，然後裝進事先塗上一層奶油的圓形瓷烤盅（Ramequin），烘烤後鼓脹膨起的乳酪鹹點，是法國人餐桌上很受歡迎的前菜頭盤。

舒芙蕾分為鹹甜兩種，較著名的有：橘香橙酒舒芙蕾（Soufflés au Grand Marnier）、巧克力舒芙蕾（Soufflés au chocolat）、檸檬舒芙蕾（Soufflés au citron）、乳酪舒芙蕾（Soufflé au fromage），以及雞肝舒芙蕾（Soufflé aux foies de volailles）。舒芙蕾只適合現烤吃，因為烘烤膨脹的舒芙蕾，一旦移出烤箱遇到冷空氣，會在1～2分鐘內扁塌，失去膨鬆綿密口感。因此，法國一般餐廳極少在菜單上標示這道前菜，只有在高檔星級餐廳才嘗得到。除了以上介紹的幾款法國當地知名舒芙蕾，也可加入水果甜酒製作成不同口味舒芙蕾。法國諾曼地利用當地產的蘋果切丁，浸泡過蘋果烈酒（Calvados），製作成當地有名的蘋果舒芙蕾（Soufflé normand）。你也可以發揮料理才能，做出個人專屬口味風格的特製舒芙蕾喔！

材料

份　　量：6人份
難　易　度：★★☆
烤箱溫度：180℃
烘烤時間：30分鐘

材料

⋄ 4顆全蛋

⋄ 100g貢德乳酪或艾蒙塔乳酪　⋄ 25g無鹽奶油

⋄ 25麵粉　⋄ 200g牛奶　⋄ 少許食鹽　⋄ 少許白胡椒　⋄ 少許肉豆蔻粉　⋄ 5g無鹽奶油（塗瓷盅用）

作法

1　蛋黃與蛋白分開。

2　麵粉過篩。

3　瓷盅放在烤盤上。

4　瓷盅裡均勻塗上奶油。

5　撒上少許乳酪絲。

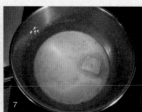

6　深鍋中放入牛奶和無鹽奶油。

7　以中火煮。

8　加入豆蔻粉、白胡椒、食鹽調味。

9　待奶油融化，開始沸騰時加入低筋麵粉。

10　用打蛋器快速攪拌均勻離火。

11　加入蛋黃攪拌均勻。

12　加入乳酪絲。

13　攪拌均勻備用。

14　鋼鍋中放入蛋白，用電動打蛋器調為中速打發蛋白。

15　至硬性發泡。

16　舀入一半蛋白至乳酪麵糊中。

17　用蛋糕刮刀由下往上，順時針方向輕輕攪拌均勻。

18　再將混好的乳酪蛋白糊倒入裝有蛋白的鋼鍋裡。

   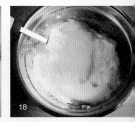

19 以順時針方向由上往下小心攪拌均勻。

20 直到蛋白和乳酪糊完全混合。

21 用湯匙舀入或直接倒入瓷盅。

22 至8分滿。

23 放入180℃預熱好10分鐘的烤箱烘烤30分鐘。

24 移出烤箱，即可趁熱馬上享用。

小叮嚀

1 乳酪部分可自行變換不同種類乳酪，如羊奶乳酪、帕馬森乳酪或新鮮乳酪等，也可混合煙燻火腿絲或煙燻豬肉絲、火腿丁等增加風味。

2 步驟13完成後，立刻將烤箱以180℃火溫預熱，再進行下一步驟。

3 混合乳酪糊和蛋白時動作要輕巧拌勻，避免過於用力而使蛋白消泡，影響烘烤後蓬鬆口感。

4 乳酪舒芙蕾剛烘烤好移出烤箱，遇到冷空氣會馬上縮起屬於正常現象，因此這道鹹點要現烤現吃，不宜放涼食用。

份　　量：4人份
難 易 度：★ ★ ☆
烤箱溫度：250℃
烘烤時間：約10分鐘

材料

◆ 1份披薩麵皮（請參考「3-2披薩麵團」）　◆ 150g新鮮白乳酪　◆ 150g 濃縮鮮奶油

◆ 150g 煙燻豬肉　◆ 1～2顆 洋蔥　◆ 1湯匙沙拉油　◆ 少許食鹽　◆ 少許白胡椒粉　◆ 少許豆蔻粉

作法

1　烤盤鋪好烘焙紙備用。

2　新鮮白乳酪和濃縮鮮奶油加入食鹽、白胡椒粉、豆蔻粉。

3　用湯匙攪拌均勻備用。

4　洋蔥去皮洗淨切絲。

5　煙燻豬肉切成細丁。

6　平底鍋放入一湯匙沙拉油預熱。

7　放入切好的洋蔥絲。

8　拌炒至半熟。

9 披薩皮分成4等份，工作檯和麵團上撒點麵粉，用擀麵棍
　擀成約長25公分×寬25公分的薄長方形。

10 用披薩滾刀或刀子裁掉不整齊的部分。

11 用擀麵棍捲起餅皮小心移放在烤盤上。

12 用叉子在麵皮上均勻打洞。

13 拌好調味的新鮮奶油乳酪塗在披薩皮中央，四角留約0.5
　公分寬，或塗滿整個餅皮也可。

14 均勻鋪上洋蔥。

15 均勻鋪上煙燻豬肉丁。

16 放入以250℃預熱好的烤箱烘烤10分鐘。

17 移出烤箱，用披薩滾刀或刀子切成小塊，即可上桌。

小叮嚀

1　餅皮盡量擀薄，煙燻豬肉切成細丁，較容易烤熟。

2　烘烤好切小片時，用披薩滾刀會比較好切。若家中沒有披薩滾刀，用一般的刀子也行。

3　一份火焰塔可當一人份主餐，配上沙拉一起吃。切小片的則適合當餐前開胃配酒小菜。

7-20 Flammeküeche

Part 8

法國人餐桌必備
經典名菜

收錄10道法國東、西、南、北、中部各地知名料理，
從不列塔尼燉菜到油封鴨腿，道道富地方特色，聞名全球。
本章帶領讀者走入法國人家，
向法國媽媽學習製作最具代表性的法國經典名菜。

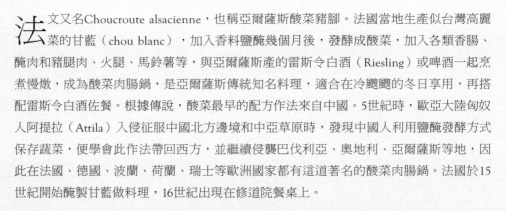

8-1

亞爾薩斯酸菜醃肉香腸
Choucroute garnie

法文又名Choucroute alsacienne，也稱亞爾薩斯酸菜豬腳。法國當地生產似台灣高麗菜的甘藍（chou blanc），加入香料鹽醃幾個月後，發酵成酸菜，加入各類香腸、醃肉和豬腿肉、火腿、馬鈴薯等，與亞爾薩斯產的雷斯令白酒（Riesling）或啤酒一起烹煮慢燉，成為酸菜肉腸鍋，是亞爾薩斯傳統知名料理，適合在冷颼颼的冬日享用，再搭配雷斯令白酒佐餐。根據傳說，酸菜最早的配方作法來自中國。5世紀時，歐亞大陸匈奴人阿提拉（Attila）入侵征服中國北方邊境和中亞草原時，發現中國人利用鹽醃發酵方式保存蔬菜，便學會此作法帶回西方，並繼續侵襲巴伐利亞、奧地利、亞爾薩斯等地，因此在法國、德國、波蘭、荷蘭、瑞士等歐洲國家都有這道著名的酸菜肉腸鍋。法國於15世紀開始醃製甘藍做料理，16世紀出現在修道院餐桌上。

17世紀，亞爾薩斯人才開始製作醃酸菜，這道菜的亞爾薩斯方言名為Kompostkrut，而亞爾薩斯方言（Alsacien或Elsässisch）是印歐語系的一種特殊日耳曼方言，與德國南部的德語有點互通，因此choucroute和德語酸菜sauerkraut音同字不同，德語sauer和法語aigre都是酸的意思，德語kraut和法語chou則是甘藍。以往多產於亞爾薩斯上萊茵省（Haut-Rhin），但現在此地已漸漸不再生產酸菜，而由奧布省（Aube）、薩爾特省（Sarthe）等地出產。

同在洛里昂定居的台灣同鄉好友曉薇，她外子的父親是亞爾薩斯人，在亞爾薩斯居住多年。她婆婆說亞爾薩斯酸菜醃肉香腸要做得好吃，就一定得與亞爾薩斯產的白酒一起燉煮，一滴水都不能放，更重要的是，要用當地出產的肉腸和醃肉，才稱得上是道地的亞爾薩斯酸菜醃肉腸。如果用其他地方出產的醃肉或肉腸，就不是道地的亞爾薩斯酸菜醃肉香腸（Choucroute Alsacienne），只能稱為酸菜醃肉香腸（Choucroute garnie），這兩者之間最大差別，就是材料是否來自原產地的醃肉香腸與白酒。台灣現在也可在進口食品的大賣場，買到各種來自法國或德國的肉腸和醃肉等，再買上一瓶法國亞爾薩斯白酒，就能做上一鍋道地的亞爾薩斯傳統名菜：酸菜醃肉香腸。享用時，肉腸沾少許法式微辣芥末醬，風味更佳喔！

◆ 與友人在法國餐廳品嘗道地亞爾薩斯名菜：酸菜肉腸佐雷斯令白酒。

份　　量：4人份
難易度：★★☆

材料
◆ 2罐酸菜（約1300g）　◆ 1瓶白酒或雷斯令白酒　◆ 2顆洋蔥
◆ 1隻半鹽豬腿　◆ 1條肉腸　◆ 1片煙燻豬胸肉或醃豬肉
◆ 8條史特拉斯堡熱狗　◆ 半片約250g熟火腿　◆ 1茶匙乾燥孜然籽（又名阿拉伯茴香）
◆ 1湯匙整顆黑胡椒　◆ 30g無鹽奶油或豬油　◆ 16顆馬鈴薯　◆ 少許食鹽　◆ 少許白胡椒粉

作法
1　深鍋中放入6分滿冷水，放入半鹽豬腿肉，煮滾燙去血水，撈起備用。
2　洋蔥去皮洗淨，切絲備用。
3　酸菜倒入鋼鍋中。

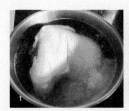

4　用清水沖一下。

5　用網篩濾乾水分。

6　肉腸與煙燻豬肉切成寬約2公分備用。

7　燜燒鍋或普通大深鍋放入無鹽奶油或豬油待融化。

8　放入切絲洋蔥拌炒軟化。

9　放入濾乾水分的酸菜拌炒一下。

10　倒入白酒。

11　放入黑胡椒、孜然籽、少許食鹽與白胡椒。

12　放入半鹽豬腿肉、肉腸、煙燻豬肉。

13　蓋上鍋蓋，以中火烹煮1小時。

14　馬鈴薯去皮，熟火腿切成寬約2公分厚片備用。

15　放入馬鈴薯，蓋上鍋蓋，繼續文火烹煮1小時。

16　起鍋前，放入亞爾薩斯熱狗和切片熟火腿。

17　蓋上鍋蓋燜煮5分鐘，即可盛盤趁熱享用。

8-1 *Choucroute garnie*

小叮嚀

1　喜歡食肉者，可多加一塊豬腿肉，一倍肉腸與煙燻豬肉。

2　喜歡酸菜酸味重些，酸菜可直接烹煮，不必經過沖水步驟。酸菜烹煮後會出水，請勿再添加
　　水。若覺得湯汁不足，可加少許白酒增加湯汁。

3　馬鈴薯選中顆大小較容易烹煮成熟，若怕不易熟，可撥到鍋底下方和酸菜一起烹煮，或去皮
　　後先煮至半熟，再放入一起烹煮。

4　熟火腿與史特拉斯堡熱狗都是熟製品，只要稍微加熱烹調即可。史特拉斯堡熱狗若煮太久，
　　熱狗皮會迸開，影響外觀。

5　因為半鹽豬腿肉和燻肉都是鹽製品，烹煮時會釋出鹹味，不必再加鹽。起鍋前可嘗一下酸菜
　　湯汁味道是否夠鹹，再依自己口味調整鹹度。

8-2

不列塔尼燉菜
Kig ha farz

這道菜發源地在法國西北菲尼斯泰爾（Finistere du Nord）的萊昂（Léon）。Kig ha farz為不列塔尼語，Kig 是肉，ha是和，farz則是麵粉做的糕點。19世紀前，一度被視為窮人食物；19世紀後，在發源地以外地區廣為流傳，成為不列塔尼的知名傳統料理。以牛肉和半鹽豬腳、豬肩肉等為主要材料，配上胡蘿蔔和法國萵苣、蕪菁等蔬菜一起熬煮，再與包了黑李的白蕎麥甜麵團和黑蕎麥鹹麵團分袋裝綁好，和蔬菜肉類一起熬煮成熟，使其完全吸取蔬菜肉汁和半鹽豬腳的鹹味。食用前，包裹黑李的白蕎麥甜麵團和黑麥鹹麵團，澆淋上以半鹽奶油拌炒洋蔥和香蔥製成的洋蔥奶油醬，就是一道風味道地的不列塔尼傳統燉菜。

外子老米的祖母是不列塔尼省布雷斯特人（Brest），他小時候跟隨父母去拜訪祖父母時，祖母會特別去傳統市場採買當地出產的新鮮食蔬和肉類，製作這道不列塔尼傳統燉菜，招待他們遠道而來回鄉探親。喝上一碗祖母親手熬製熱騰騰新鮮美味的燉菜湯汁，再大口吃肉，至今他腦海裡仍留存著這段飲食記憶，祖母親手製作的美味燉菜是他人生永存的印記。不列塔尼人多在凜冽的寒冬時節，料理這道傳統菜餚作為晚膳，暖一家人的胃和心。先喝上一碗熱騰騰的蔬菜肉湯，再享用豬腿肉腸，配上蔬菜和farz佐奶油洋蔥，寒冬就不再如此難熬了。

材料

〔燉菜〕

◆1支半鹽豬腳 ◆4片三層肉 ◆2條肉腸 ◆3根紅蘿蔔

◆4顆蕪菁 ◆2根韭蔥段（白色部分）

◆1顆法國萵苣 ◆2顆洋蔥 ◆少許沙拉油

◆2根百里香（新鮮或乾燥皆可） ◆2公升水

〔黑白蕎麥麵團〕

◆150g黑蕎麥麵粉 ◆250g白蕎麥麵粉 ◆30g糖

◆50g液態鮮奶油 ◆2顆全蛋 ◆100g水

◆2個布袋 （約寬12公分×長25公分長方形）

◆2條布繩 （約10公分長） ◆20顆去籽黑李

〔洋蔥奶油佐料〕

◆2顆紅蔥頭 ◆2顆洋蔥 ◆50g半鹽奶油

作法

1 青菜洗淨後，法國萵苣對切再切成四瓣，蕪菁切塊，胡蘿蔔切塊，韭蔥白切段，洋蔥切塊，備用。

2 洋蔥奶油佐料的洋蔥和紅蔥頭去皮後，洗淨切成絲備用。

3 豬腳肉和骨頭切開分成4塊，三層肉、肉腸切片備用。

4 深鍋內放入少許沙拉油，肉腸稍微乾煎上色，放在盤子上備用。

5 再放入豬腳肉與三層肉一起煎過。

6 放在大盤子中備用。

7　準備一只容量較大的大圓深鍋，倒入
　　少許沙拉油，油熱將備好的燉菜材料
　　的洋蔥和紅蘿蔔放入拌炒三分鐘。

8　放入豬腳和三層肉。

9　放入蕪菁、韭蔥白段和法國萵苣。

10　倒入2公升的水。

11　放入百里香。

12　蓋上鍋蓋熬煮一小時。

13　鋼鍋裡放入200g白蕎麥麵粉、30g糖、
　　1顆全蛋和25g液態鮮奶油。

14　用湯匙混合，再加50g水混合。

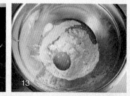

15　用手揉成光滑不黏手麵團。

16　壓平麵團後，擺上乾燥黑李。

17　由左至右捲起。

18　捲成捲心麵團。

19　黑蕎麥麵團以150g黑蕎麥麵粉和50g白
　　蕎麥麵粉一起混合，加入全蛋和25g液
　　態鮮奶油、50g水，依步驟13～18同樣
　　方式製作成捲心麵團。

20　兩種麵團各自放入布袋中。

21　繫緊布袋口，打個活結。

22 放入燉鍋中浸入湯汁。

23 蓋上鍋蓋。

24 繼續煮30分鐘，直到麵團熟透即可。

  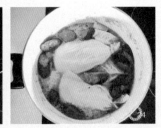

25 深鍋裡放入25g奶油以中火加熱融化。

26 放入切絲紅蔥頭和洋蔥。

27 繼續拌炒。

28 洋蔥炒上色。

29 加入兩大湯勺燉菜湯汁。

30 加入剩下25g奶油拌炒融化。

 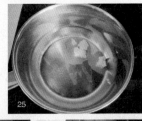

31 繼續煮5分鐘離火。

32 拿出麵團，解開袋子。

33 麵團切片，和燉菜及肉類一起裝盤，佐上奶油洋蔥一起食用。

Finish ▶▶▶

8-2 *Kig ha farz*

小叮嚀

1 台灣若買不到半鹽三層肉和半鹽豬腿,可以普通三層肉和豬腿代替。法國萵苣則可以高麗菜替代,蕪菁則可用白蘿蔔。

2 布袋可自己縫製,或是用乾淨的口布包住麵團,用棉線環繞著包好麵團的口布繫緊即可。

3 無法購得特殊的黑蕎麥麵粉,可全部用白蕎麥麵粉(type 45)製作。

巴黎燉牛肉
Bœuf mironton

Mironton亦作Miroton，意指洋蔥燉牛肉。巴黎燉牛肉起源於17世紀。而在文森·拉沙佩勒廚師（Vincent La Chapelle）於1742年寫的食譜書中，有兩道以羊肉和小犢牛肉製作的燉肉配方。最初的配方並不是以洋蔥作為主要配料，可以確定的是，肉經燉煮後切成小塊，再搭配醬汁一起熬煮慢燉。到了1750年，法國作家弗杭蘇杭-亞歷山大·歐貝爾（François-Alexandre Aubert de La Chesnaye Des Bois）在其飲食著作中也介紹這道菜，以牛腩熬煮，切成薄片，混入香芹、韭蔥、蒜頭和醬汁燉煮半小時。法國境內流傳著太多不同形式的製作方式，以上介紹的兩種外，還有將材料燉煮後，再放在有底瓷盅，撒上麵包粉，放入烤箱烘烤成表面覆蓋一層香酥薄層，牛肉多汁柔軟的巴黎燉牛肉，到底哪一種才是真正的配方無人知曉。我在法國電視台的美食節目中，見到巴黎蒙馬特附近一家傳承百年的小酒館，菜單裡就有這道客人讚不絕口的巴黎燉牛肉。廚師把整塊大塊牛腩放入蔬菜和香料裡熬煮，再撈起牛腩放冷藏一晚上，隔天切塊時能保持牛腩切塊完整外形，加入番茄濃縮醬汁與香料，一起慢熬烹煮幾小時。上桌前，混入少許酸黃瓜丁，撒上香芹，搭配義大利蛋黃寬麵或白飯一起食用。牛腩經長時間燉煮，變得柔軟多汁，配上濃厚番茄醬汁，酸甜可口。吃完後剩餘的醬汁，還可沾法國麵包吃，令人滿足。

法國巴黎和其他眾多城市，以及歐洲幾個國家，從19世紀開始有慶祝牛肉節的遊行活動。這個節日有非常古老的習俗，據說是在13世紀時就有的傳統習俗，到了19世紀才開始受到民眾重視，舉行盛大的嘉年華會慶祝。慶祝牛肉節（Fête du Bœuf Gras，又名La Promenade du Bœuf Gras）時，屠夫和年輕屠夫男孩拖著自家牛隻，或在改裝車輛上，讓真牛或假牛身上掛滿裝飾，點綴成金角和金蹄，伴著音樂聲鄭重地遊街，好不熱鬧。其中有45年間遭遇屠夫風暴等間接問題，與政治組織干涉，便停止所有牛肉節活動，直到20世紀才又開始回復傳統的遊行活動。慶祝牛肉節遊行活動當天，當然少不了以牛肉為主題的法國傳統料理，除了這道巴黎燉牛肉，還有紅酒燉牛肉以及各式法國傳統精緻牛肉料理。

份　　量：6人份
難易度：★★★

材料
◆ 1200g牛肉　◆ 100g韭蔥　◆ 150g西洋芹　◆ 400g胡蘿蔔
◆ 6顆洋蔥　◆ 15粒乾燥丁香　◆ 1小把百里香　◆ 1小把新鮮香芹
◆ 20片新鮮月桂葉　◆ 3顆番茄　◆ 2罐濃縮番茄泥
◆ 25g低筋麵粉　◆ 200g白酒　◆ 50g無鹽奶油　◆ 500g牛肉湯汁　◆ 15根法國酸黃瓜
◆ 30g 新鮮奶油　◆ 少許食鹽　◆ 少許白胡椒粉　◆ 1500cc水

作法
1　洋蔥、胡蘿蔔、韭蔥、芹菜去皮洗淨。
2　胡蘿蔔切成1公分厚片，韭蔥、芹菜對切成半備用。
3　洋蔥均勻插上乾燥丁香備用。
4　牛肉均勻撒上少許食鹽與白胡椒粉。
5　準備一只大深鍋。
6　放入胡蘿蔔與芹菜、韭蔥。

7 放入牛肉。

8 加入約1500cc水。

9 放入一半月桂葉、一半百里香、丁香洋蔥。

10 大火煮滾後，用湯勺撈掉浮渣。

11 轉成中火，蓋上鍋蓋熬煮1小時。

12 待熬煮完成。

13 蔬菜肉汁過篩。

14 把牛肉撿取放入盤中，取500牛肉湯汁。

15 牛肉切約2公分寬小塊狀。

16 新鮮香芹切成細碎丁備用。

17 番茄去皮去籽，切成小丁備用。

18 洋蔥切成小丁備用。

19 準備好白酒、無鹽奶油、低筋麵粉、新鮮奶油和剩
    下月桂葉、百里香等，濃縮番茄泥開罐後備用。

20 鐵鍋裡放入無鹽奶油。

21 奶油融化後，放入洋蔥炒香。

22 洋蔥炒至變軟後。

23 放入番茄丁。

24 拌炒均勻。

25 加入濃縮番茄泥、低筋麵粉拌炒均勻。

26 加入白酒拌炒均勻。

27 倒入牛肉湯汁攪拌均勻。

28 放入切丁煮熟的牛肉塊。

29 加入月桂葉、百里香、香芹等香料。

30 蓋上鍋蓋，小火燜煮2小時，每隔20分鐘，開起鍋蓋攪拌一下，以防焦底，直到烹煮時間完成。

31 加入少許食鹽與白胡椒粉調味。

32 加入新鮮奶油攪拌均勻。

33 準備好酸黃瓜丁。

34 上桌前，再放入燉好的牛肉中拌勻，即可盛盤享用。

8-3　*Bœuf mironton*

小叮嚀

1　可用整塊大塊牛肉，去熬湯，過篩，再切成小塊。

2　步驟29蓋上鍋蓋燜煮前，可加入少許食鹽、白胡椒粉稍微調味，使牛肉稍入鹹味，但切勿放太多，等收汁後，再試味道自行斟酌是否再加鹽或白胡椒粉。

3　步驟30燜煮時，須每隔20分鐘攪拌一下，以免混了麵粉熬煮的牛肉會在鍋底結塊焦底。若收汁太快，可再加少許牛肉湯汁混合一下。

諾曼地香煎鱒魚
Truite à la normand

以新鮮河鱒魚用奶油乾煎、烘烤,再佐上帶檸檬香味的白酒奶油醬汁,以及烘烤過的香酥杏仁片,是法國西北諾曼地和羅亞爾河區(Loire)的知名傳統魚料理。鱒魚和鮭魚同屬鮭科,外型大小寬約5公分,長約30公分,大約1斤左右,根據生長年限來區分大小,最大的鱒魚可重達30公斤。鱒魚和鮭魚是不同魚種,鱒魚體型較小,是肉質顏色淡紅的淡水魚。鮭魚體型較大,是肉質顏色粉紅的海水魚。鱒魚常見於北美、歐洲和亞洲國家的河流中生長繁殖,19世紀後引入澳洲和紐西蘭。世界各地所產的鱒魚外形也各有不同,如皮膚上的斑點、膚色、身形等。

諾曼地香煎鱒魚作法有許多變化,可將檸檬切片,和新鮮香芹碎丁填入魚腹中,乾煎烘烤,淋上檸檬香奶油白酒醬汁,或將醬汁直接和乾煎好的鱒魚一起烹煮入味,食用前撒上少許烤好的杏仁片。有些配方則不佐杏仁片,依個人口味來製作調料。鱒魚魚肉味淡,得靠香料和醬汁來提味,加了醬汁和杏仁片吃起來較香。如果不喜歡奶油檸檬醬汁,也可直接在烤好的鱒魚上擠上一小片新鮮檸檬汁,搭配水煮馬鈴薯或白飯皆可。

份 量：4人份
難易度：★ ★ ☆
烤箱溫度：200℃
烘烤時間：10分鐘

材料

◆ 4條鱒魚 ◆ 15g低筋麵粉 ◆ 50g無鹽奶油 ◆ 50g杏仁片

◆ 半顆檸檬 ◆ 少許食鹽 ◆ 少許白胡椒粉

◆ 200g白酒（約1杯威士忌杯的量） ◆ 30g濃縮鮮奶油

作法

1 半顆檸檬擠汁備用。

2 準備好一只烤盤。

3 平底煎鍋以中火預熱。

4 鍋熱後，放入生杏仁片。

5 用木勺攪拌乾炒。

6 炒至均勻上色，離火。

7 放至盤中放涼備用。

8 均勻在鱒魚兩面撒上少許食鹽和白胡椒粉。

9 撒上麵粉。

10 待兩面魚身都均勻撒上麵粉。

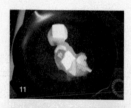

11 平底煎鍋上放20g無鹽奶油。

12 油熱後，放入鱒魚，以中火乾煎上色，約10分鐘。

13 翻面繼續煎至上色約10分鐘。

14 用兩支鍋鏟或木勺鏟起煎好的鱒魚。

15 放至烤盤中，將10g無鹽奶油放入鍋中融化，繼續煎熟另外兩條鱒魚。

16 放入200℃預熱好10分鐘的烤箱烘烤10分鐘。

17 烘烤時，煎好魚的平底鍋內放入剩下20g無鹽奶油。

18 奶油融化後倒入白酒、檸檬汁。

19 煮滾3分鐘去澀，加入濃縮鮮奶油。

20 轉成小火，加入少許食鹽、白胡椒調味。

21 大碗上放上篩網，倒入煮好的白醬汁。

22 過篩至大碗中。

23 移出烘烤好的鱒魚，即可裝盤裝飾趁熱食用。

8-4 *Truite à la normand*

小叮嚀

1　油熱後，再放入鱒魚乾煎，若未煎至表面稍微焦褐，翻面時容易破皮。

2　想增加風味，可在乾煎好填入檸檬片和新鮮香芹碎丁在魚腹中，但請小心操作，
　　因煎好的魚肉變軟易碎。

3　檸檬白酒醬汁可直接淋在魚身上盛盤，或另裝在小盅裡皆可。

勃艮地紅酒燉牛肉
Bœuf bourguignon

法 國知名紅酒產區，中部勃艮地（Bourgogne）的傳統地方名菜，以當地產的紅酒和牛肉文火慢燉出這道聞名世界的法式紅酒燉牛肉。紅酒中的單寧和多酚有降低膽固醇，預防老人痴呆的益處！

傳統作法是先將牛肉和紅酒，混合切丁洋蔥及香料一起浸泡24小時，使牛肉入味。配方中我省略此步驟，用最簡易的方法來製作這道法國名菜。若讀者想以傳統方式製作，可先浸泡牛肉，再照著步驟依序製作。紅酒和牛肉（牛肩肉或牛臀肉），加洋蔥、胡蘿蔔等材料一起熬燉幾小時，再加入其他佐料一同料理，食用時可配烘烤過的大蒜麵包，或水煮馬鈴薯、通心粉、義大利蛋黃寬麵（Macaroni或Tagliatelle）、白米飯或綠色蔬菜等均可。這道料理也是法國的宴席菜餚，文火慢燉熬煮出濃濃紅酒香，肉軟夠味，燻肉丁散發的煙燻味融於紅酒燉牛肉醬汁中，每一口都能嘗到飽滿肉汁，口齒留香。

住在法國西部南特（Nantes）附近的好友妮娜（Nina），她婆婆的拿手好菜，就是這道勃艮地紅酒燉牛肉。偶爾妮娜和先生回夫家度週末，她婆婆就會親自為他倆製作這道愛心料裡，從備料到烹飪完成得花好幾個小時，加上牛肉浸泡入味時間，得花上兩天製作。一般老一輩的法國主婦燉製花時間的肉類料裡，大多不會立刻吃剛燉好的菜，因為肉質略帶韌性，通常會放在燉鍋一起放涼，隔天再回熱。經過一晚浸泡，肉質變軟，吃起來也更入味好吃。

份　　量：4人份
難易度：★★☆

◆ 妮娜的婆婆正在為兒子媳婦準備愛心料理：
　勃艮地紅酒燉牛肉。

材料

◆ 1公斤切塊牛肩肉或牛臀肉　◆ 1瓶勃艮地紅酒
◆ 5顆洋蔥　◆ 2根胡蘿蔔　◆ 2片新鮮蒜頭
◆ 5個乾燥丁香　◆ 8片乾燥月桂葉　◆ 2根百里香
◆ 80g無鹽奶油　◆ 2湯匙沙拉油　◆ 少許食鹽
◆ 少許白胡椒　◆ 20g低筋麵粉
◆ 100g煙燻豬肉　◆ 20顆新鮮蘑菇

作法

1　胡蘿蔔、洋蔥、蒜頭去皮洗淨，胡蘿蔔和洋蔥切大丁，蒜頭切片備用。
2　大鐵鍋裡放入沙拉油。
3　放入洋蔥塊，以中火炒香。
4　另一只炒鍋裡，放入無鹽奶油使其融化。
5　放入切塊牛肩肉或牛臀肉。
6　加入白胡椒粉和食鹽調味。
7　炒至三分熟。
8　炒好的牛肩肉或牛臀肉倒入炒香洋蔥的大鐵鍋裡。
9　放入乾燥月桂葉、百里香和乾燥丁香。

10 倒入低筋麵粉。

11 拌炒均勻。

12 倒入1瓶勃艮地紅酒。

13 蓋上鍋蓋，以文火燜煮1個半小時（每隔20分鐘攪拌一下）。

14 加入胡蘿蔔丁，再燜煮30分鐘後熄火。

15 拿出燉牛肉大鐵鍋中的月桂葉和百里香枝。

16 新鮮蘑菇洗淨，切成對半。

17 準備好切丁煙燻豬肉。

18 鍋裡放入煙燻豬肉炒香。

19 放入新鮮蘑菇，以大火炒熟。

20 離火，勃艮地紅酒燉牛肉裝盤，再裝飾上炒好的蘑菇燻豬肉，即可上桌享用。

   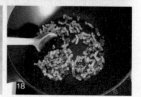

小叮嚀

1 步驟13，每隔20分鐘須攪拌一下，防止加入麵粉後的紅酒燉牛肉黏底或焦底。

2 燉好的紅酒牛肉放涼後，可放冷藏，使牛肉完全入味，隔天吃前再將燉牛肉熱過煮滾，再炒蘑菇燻豬肉一起食用，風味更加。

3 若要紅酒燉牛肉的色澤更加鮮紅，可在食用前預熱燉牛肉時，再加入少許紅酒，顏色就會更加鮮豔。

8-5　*Bœuf bourguignon*

法式紅酒燴雞
Coq au vin

8-6

紅酒燴雞是最具代表性的法國經典名菜！起源於古羅馬時期，當時凱撒大帝率軍征服高盧，後任高盧總督。高盧即今法國中部和南部、義大利北部、比利時、荷蘭南部，以及德國萊茵河以西的地區。當時，有位領導人為了反抗凱撒大帝的侵略，讓圍攻他們部落的士兵呈送凱撒大帝一隻公雞，公雞象徵高傲的高盧人永不低頭。凱撒大帝便回禮邀請這位領導人來用膳，並以領導人送的公雞製作了紅酒燴雞。當時並無記載紅酒燴雞配方，直到19世紀初才出現白酒燉雞這道鄉村菜的食譜，20世紀才廣受大家喜愛。法式紅酒燴雞是法國香檳區、勃艮地、亞爾薩斯和奧弗涅四大地區的經典料理，每個地區的製作配方都不同，都以各區生產的紅酒或白酒來製作。香檳區就以香檳來製作，勃艮地以勃艮地紅酒，亞爾薩斯以雷斯令白酒，法國東北弗杭什-貢德省（Franche-Comté）和侏羅省（Jura）則以當地產的黃酒燴雞。紅酒燴雞是以公雞肉加上紅酒或其他酒類和香料浸泡24小時，紅酒浸入公雞肉中，和帶油脂的燻煙豬胸肉、蘑菇等配料一起慢火燴燉。

這道紅酒燴雞是好友瑪麗法蘭絲的配方，她為人親切好客，體態風韻猶存，看不出已是60好幾的法國阿嬤。她先生尚克勞德是退休律師，她則是他的得力助手兼祕書。她家廚房以原木櫃和大理石結合，烹飪器具樣樣齊全。紅酒燴雞的公雞普通一隻約4～6公斤，可分成兩次製作。購買時可請小販將雞肉分切成塊，回家即可直接製作，省掉切塊

♦ 注重居家生活品味的瑪麗法蘭絲，將自家裝潢成仿古風，在原木櫃與大理石結合、烹飪用具齊全的廚房中，悠然自得地烹煮法式紅酒燴雞。

過程，減少製作時間。一般在法國傳統市場，若不事先預訂公雞，則很難買到。台灣讀者也可事先在傳統市場的雞肉攤預訂，若真找不到公雞肉，可改用普通雞肉代替。

　　法國人邀請朋友到家裡吃飯特別講究氣氛，從擺盤到餐桌上的裝飾，一點都不馬虎。當天做完這道紅酒燴雞，已經下午快三點，我與小米飢腸轆轆，不知何時才能上桌。瑪麗法蘭絲精心裝飾桌面、擺盤，還摘了好幾朵自家花園裡的鮮花裝飾在盤中，還沒享受美食佳餚，先來個視覺享受吧。剛燉煮好的公雞肉肉質Q韌有嚼勁，瑪麗法蘭絲說喜歡吃肉質軟的人，可以將燉好的公雞肉放一晚，隔天再煮滾享用，肉質會變得較軟，紅酒味也較濃厚。

份　　量：6人份
難易度：★★★

材料
♦ 2公斤公雞肉　♦ 2顆洋蔥　♦ 2顆紅蔥頭　♦ 3根胡蘿蔔　♦ 1整顆蒜頭　♦ 8片新鮮或乾燥月桂葉
♦ 8小根百里香　♦ 1瓶750毫升裝紅酒　♦ 半杯250g料理用白蘭地或雅馬邑白蘭地
♦ 250g煙燻豬胸三層肉　♦ 4根香芹　♦ 250g冷凍迷你小洋蔥　♦ 400g新鮮蘑菇　♦ 20g 低筋麵粉
♦ 1小罐濃縮番茄泥　♦ 70g無鹽奶油　♦ 6g食鹽　♦ 少許白胡椒粉　♦ 15顆馬鈴薯

作法

1　1整顆蒜頭去蒂頭去皮。

2　每一瓣蒜頭切成4分之1放碗裡備用。

3　洋蔥、胡蘿蔔、紅蔥頭洗淨去皮。

4　洋蔥和紅蔥頭切成細絲，胡蘿蔔切成約1公分斜片備用。

5　公雞肉放在砧板上撒上少許食鹽。

6　大鋼鍋裡或深底平玻璃盅放入公雞肉。

7　放上一半切丁蒜頭、切絲洋蔥、紅蔥頭、胡蘿蔔。

8　再放上公雞肉。

9　再放上剩餘切丁蒜頭、切絲洋蔥、紅蔥頭、胡蘿蔔和一半月桂葉與百里香。

10　倒入三分之二瓶紅酒。

11　用手攪拌鋼鍋裡材料，壓一下使公雞肉能浸泡到紅酒。

12　覆蓋上保鮮膜，放入冰箱冷藏24小時。

13　移出冰箱。

14　挑出公雞肉，放盤中備用。

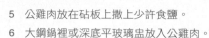

15 用濾網將紅酒和蔬菜過篩。

16 挑出胡蘿蔔和蒜頭放碗裡備用。

17 紅酒倒入深鍋。

18 紅酒以大火煮沸後，轉成小火熬煮去澀味。

19 大鐵鍋裡放入50g無鹽奶油。

20 奶油融化後，放入公雞肉乾煎。

21 公雞肉兩面煎至上色。

22 紅酒以小火煮約8分鐘收汁，熄火備用。

23 煎好公雞肉裝大盤子裡備用。

24 同一只煎過公雞肉的大鐵鍋裡放入備用胡蘿蔔和蒜頭，炒約1分鐘。

25 放入煎好的公雞肉。

26 放入剩下百里香、月桂葉。

27 煮過去澀的紅酒用網篩過篩去掉多餘雜質至鐵鍋中。

28 加入半杯料理用白蘭地，或雅馬邑白蘭地。

29 倒入剩餘三分之一的紅酒。

30 加入少許白胡椒粉和食鹽調味煮滾沸騰。

31 蓋上鍋蓋，轉成小火慢燉約半小時。

32 白蘑菇洗淨備用。

33 香芹切碎備用。

34 麵粉加點水或紅酒攪拌均勻備用。

35 濃縮番茄泥罐頭打開備用。

36 煙燻豬胸三層肉切成約1公分厚片狀備用。

37 炒鍋中放入剩餘奶油，待奶油融化。

38 放入冷凍小洋蔥。

39 乾煎至上色微焦，離火。

40 放入麵粉水、番茄泥、香芹、煙燻豬胸三層
　 肉、白蘑菇至燉公雞肉的大鐵鍋中。

41 攪拌均勻，以中火煮滾。

42 蓋上鍋蓋，轉成小火繼續慢燉1個半小時。

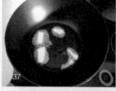

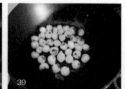

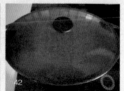

43 待公雞肉熬煮快成熟前半小時，將馬鈴薯洗淨去皮，切對半。

44 深鍋中放入馬鈴薯，加入可蓋過馬鈴薯的冷水和少許食鹽煮滾。

45 蓋上鍋蓋，將馬鈴薯燜煮成熟。

46 濾乾水分。

47 即可將紅酒燴雞和煮熟馬鈴薯裝盤享用。

Coq au vin

小叮嚀

1 若公雞肉不易購得，可用普通雞肉代替。

2 喜歡吃帶韌性的公雞肉慢燉1小時即可，反之則可延長燉煮時間。

3 冷凍小洋蔥可直接下鍋煎製，不需等待退凍。

4 步驟28，加入料理用白蘭地或雅馬邑白蘭地，若不想酒味太重，可將白蘭地先在一只深鍋裡
   煮熱後，再淋入大鐵鍋中，或點火燃燒使酒味揮發。瑪麗法蘭絲製作時有點火使酒味揮發，
   但因點火燃燒揮發酒味非常危險，若不熟悉操作，不建議讀者做此步驟，直接倒入即可。

5 燉煮時，每隔20分鐘攪拌一下，使每片公雞肉都能烹煮成熟，並浸泡到醬汁。

6 鐵鍋可換成燜燒鍋燉煮，從乾煎雞肉開始，即可以燜燒鍋乾煎，燜煮成熟約1小時，請依個
   人喜好的軟硬韌度調整燜煮時間。

8-7

普羅旺斯淡菜
Moules à la provençale

充滿法國南部陽光氣息的海鮮料理。淡菜又稱為貽貝，台灣稱為孔雀蛤，外觀黑色長橢圓略帶三角形，主要產於歐洲北部、加拿大、地中海、大西洋和不列塔尼海岸，分為自然產與人工培育兩種。法國北部里爾（Lille）和沿海城市，以及臨國比利時，都非常流行吃淡菜。單人份的裝盤方式是放在一個有蓋的小鐵鍋（Casserole à moule），搭配炸薯條，蓋子翻開後可裝淡菜殼。淡菜盛產季節，法國各地酒吧或餐廳多以這道菜銷售最夯，且各地烹煮淡菜的方式和佐料也各有不同，口味因而大異其趣。我居住的不列塔尼則是在烹煮淡菜時，加入蘋果淡酒（Cidre）增加風味。

專賣淡菜的知名連鎖餐廳「布魯塞爾的雷昂」（Léon de Bruxelles），是以比利時創始者的名字命名，在法國已有70幾家連鎖店，光巴黎市區就有9家。我與外子老米結婚前來法國探親時，曾去這家餐廳吃過淡菜鍋，菜單上的淡菜鍋品項就有幾十種口味選擇，非常特別。我目前居住的不列塔尼省臨海，有許多大小漁港以出產海鮮聞名，因此每到淡菜產季，臨海的幾家露天餐廳的招牌菜一律都是淡菜鍋。我自己也常去傳統市場買新鮮淡菜，盛產季節的新鮮淡菜一斤才不到150元台幣，回家隨意製作簡易淡菜配薯條，便宜又好吃。以前在台灣，母親經常炒一大鍋用蒜頭、九層塔調味的台式淡菜。讀者可在好市多、家樂福等外商大賣場，或傳統大型批發果菜市場，買到新鮮人工養殖或冷凍的台灣淡菜和紐西蘭進口淡菜，就能做出擁有陽光大海氣息美味的普羅旺斯淡菜。

份　　量：2人份
難易度：★ ☆ ☆

材料

◆ 1公斤淡菜　◆ 1顆番茄　◆ 2顆蒜頭

◆ 2根新鮮香芹　◆ 1顆洋蔥　◆ 20g橄欖油　◆ 150g白酒　◆ 少許白胡椒粉　◆ 少許食鹽

作法

1　淡菜用水沖洗後，拔除淡菜縫口上的雜枝海草備用。

2　洋蔥、蒜頭、番茄、香芹洗淨，洋蔥和蒜頭去皮一起放盤中備用。

3　番茄切成四分之一，去籽。

4　洋蔥、蒜頭、番茄、香芹切小丁，放盤中。

5　炒鍋放入20g橄欖油。

6　放入洋蔥和蒜頭炒香。

7　放入淡菜。

8　放入番茄丁。

9　放入切碎新鮮香芹。

10　倒入白酒。

11　翻炒一下，蓋上鍋蓋燜煮8分鐘，再翻炒一下。

12　待淡菜全部開口後，加入少許白胡椒調味拌
　　炒，即可裝盤趁熱享用。

Finish ▶▶▶

8-7　*Moules à la provençale*

小叮嚀

1　海中捕捉的淡菜還含有少許海水，除非個人口味較重，否則不必再加食鹽 。若是冷凍淡菜，
　　則在煮熟後試味道斟酌調味。

2　想知道淡菜是否完全煮熟透，當淡菜還閉著未開口即表示還未煮熟，開口全開則表示淡菜已
　　煮熟。切勿燜煮太久，淡菜會變小變乾，影響口感。

3　可搭配炸薯條一起食用。

尼斯風味雞
Poulet à la niçoise

尼斯（Nice）是法國南部濱海城市和度假勝地，地處馬賽與義大利熱那亞之間，為普羅旺斯-阿爾卑斯-蔚藍海岸區（Provence-Alpes-Côte d'Azur）的第二大城。尼斯屬地中海氣候，全年氣候宜人，冬暖夏涼。尼斯除了平常通用的法語外，至今仍有少數尼斯人說當地方言尼斯語（Niçard）。法國除了尼斯有方言，還有南部說奧克西唐語（Occitan），西部說不列塔尼語（Breton）、東北說亞爾薩斯語（Alsacien或Elsässisch）等方言。隨著時代變遷，年輕的法國人大多已不會說這些祖先說的語言。

尼斯當地盛產橄欖，橄欖油也很有名。因地理位置鄰近義大利，並在14世紀後期與普羅旺斯省分開，變成蔚藍海岸地區，所以尼斯在傳統料理上，帶有普羅旺斯和義大利風格，也有地中海與阿爾卑山風味。尼斯風味雞以雞肉為主要食材，配上尼斯盛產的黑橄欖，加上地中海與義大利風味甜椒，和番紅花香料一起燴燉，烹煮出帶有多種地方風味的尼斯風味雞。適合搭配白米飯一起吃。

法蘭西斯老師糕點課的學員瑪麗克萊兒（Marie Claire）是家庭主婦，喜歡讚研料理，除了學做糕點，還在協會當義工，為人熱心善良，笑口常開。我向瑪麗克萊兒學習做這道法國傳統尼斯名菜，喜歡料理的她非常仔細地一個步驟，一個口令地教我製作。這裡就與讀者一起分享這道充滿法國媽媽家常味，傳統道地的尼斯風味雞。

份　　量：6人份
難 易 度：★★☆

◆ 親切善良有耐心的法國年輕阿嬤瑪麗克萊兒端著我倆一起製作烹調，香氣誘人的尼斯風味雞。

材料
◆ 6隻雞腿　◆ 3顆三色甜椒
◆ 2顆紅番茄　◆ 2顆洋蔥
◆ 1顆蒜頭　◆ 1顆檸檬　◆ 120g無籽黑橄欖　◆ 200g白酒　◆ 300g水　◆ 6湯匙橄欖油　◆ 5g番紅花粉
◆ 3個乾燥丁香　◆ 2～3片乾月桂葉　◆ 2～3根百里香　◆ 少許食鹽　◆ 少許白胡椒　◆ 1塊雞湯塊

作法
1　雞腿去掉腳跟部分和多餘雞皮。
2　對切分開成兩塊。
3　6根雞腿全部對切，放在盤子裡備用。

4　番茄去皮。
5　洋蔥、三色甜椒、蒜頭洗淨去皮，和去皮番茄放一起備用。
6　檸檬擠成汁備用。
7　洋蔥切成圓環狀。
8　放在碗裡備用。
9　三色甜椒切長條狀。

10 蒜頭切細丁。

11 去皮番茄切小塊狀。

12 全部放在大盤子裡備用。

13 黑橄欖放在碗裡備用。

14 準備好月桂葉、百里香、乾燥丁香。

15 白酒和水準備好備用。

16 平底鍋裡放入2湯匙橄欖油。

17 放入蒜頭和洋蔥炒香。

18 炒至稍微上色軟化。

19 倒入盤中備用。

20 同時在另一只鐵鍋中放入4湯匙橄欖油,放入切塊雞腿乾煎。

21 原先炒洋蔥的平底鍋倒入三色甜椒清炒。

22 炒至稍微軟化後,放至一旁備用。

23 再倒入切塊番茄拌炒。

24 鐵鍋中的雞肉兩面翻煎上色。

25 放在盤中備用。

26 白酒倒入煎過雞腿的鐵鍋中。

27 把鍋裡黏底的雞肉和白酒稍微攪拌。

28 倒入炒好的番茄丁至鐵鍋中。

29 倒入水。

30 加入番紅花粉。

31 放入炒好的雞肉。

32 放入炒好的甜椒、洋蔥。

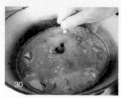

33 放入黑橄欖和月桂葉、百里香、乾燥丁香。

34 放入少許食鹽、白胡椒和雞湯塊調味。

35 稍微拌勻。

36 蓋上鍋蓋，以中火烹煮。

37 煮至沸騰。

38 調至小火，蓋上鍋蓋燜煮40分鐘。

39 起鍋前淋上檸檬汁。

40 拌勻煮滾，即可離火裝盤。

8-8 *Poulet à la niçoise*

小叮嚀

1 若喜歡香料味重一些，可以各增加百里香1～2根或月桂葉1～2片。

2 步驟40，可再調味，試味道看鹹不鹹，再依照個人口味調整鹹味。

3 可搭配白米飯、水煮馬鈴薯、義大利麵或麵包，佐醬汁吃。

油封鴨腿
Confit de canard

加斯科涅（Gascogne）位於法國西南部阿基坦區（Aquitaine）與庇里牛斯山區之間。這裡生產鵝與鴨，特色料理為油封鴨腿（鵝腿），此外還有鵝肝醬、橙香煎鴨胸、卡酥來鴨腿等知名料理。油封鴨腿以禽類皮或鴨鵝皮小火炸出油脂後，再將鹽醃過的鴨腿或鵝腿放入鴨油、鵝油中，文火慢燉油炸成熟。食用前以平底鍋乾煎，或放入烤箱烘烤成肉質鬆軟，入口即化，油脂完全封裹住鴨腿的油封鴨腿。

公元前2世紀時，羅馬人習慣將油浸過的鴨腿覆蓋上一層油脂，方便保存。歷史悠久的製作方式保留至今，依古法製成的油封鴨腿在21世紀的法國市面上，以真空方式包裝，或放在真空罐頭和真空玻璃瓶裡銷售。法國老一輩主婦在耶誕節前，買上幾十隻鴨腿，一次做好放涼結油，再一支支裝入密封保鮮袋，放冰箱冷凍，節日前一天再拿出退凍。上菜前將蘋果切片，放入少許鴨油乾煎，配上綠色沙拉，或奶油四季豆一起食用。在自家製作出好吃又好保存的油封鴨腿，就是法國媽媽能從容不迫，輕鬆上菜的祕密！還記得前年耶誕節，我也依循法國媽媽的方式，做了10隻油封鴨腿，並將其冷凍，在耶誕節當晚，放入烤箱低溫烘烤幾十分鐘。那晚我不僅保持儀態優雅地喝完開胃酒，還能輕鬆上前菜頭盤，從容上主菜，最後在餐桌上贏得不少讚賞聲。一般市面上較不易購得鴨皮，讀者可以在製作前，到傳統市場和雞販攤事先訂購雞皮和鴨腿，倘若能找到鴨皮，就能做出道地傳統法式風味的油封鴨腿。

份　量：10人份
難易度：★★★
烤箱溫度：100℃
烘烤時間：40分鐘

材料
◆ 10隻生鴨腿
◆ 1500g雞皮或鴨皮
◆ 80g食鹽

作法

1　鴨腿洗淨，用乾布擦乾。

2　鴨腿兩面用食鹽均勻塗抹。

3　蓋上保鮮膜，放冷藏，醃製入味24小時。

4　雞皮或鴨皮切成小塊。

5　準備好1500g切丁的雞皮或鴨皮。

6　鐵鍋中倒入切丁的雞皮或鴨皮。

7　以文火慢慢煎出雞油或鴨油。

8　直到雞皮或鴨皮完全炸乾，油脂融化。

9　將炸乾後的雞皮或鴨皮用網篩過篩至鋼鍋中。

10 再倒回洗淨擦乾的鐵鍋裡，放置一晚。

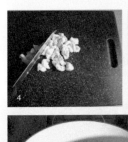

11 拿出冷藏入味的鴨腿，用水沖洗去掉鹽分，並用乾布擦乾鴨腿。

12 鴨油以小火預熱，待油滾熱。

13 放入擦乾的鴨腿至深鍋中。

14 文火炸20分鐘。

15 將鴨腿翻面。

16 蓋上鍋蓋，以文火繼續熬炸2小時。

17 其間每30分鐘翻面一次，再蓋上鍋蓋繼續熬炸。

18 炸好，離火放涼。

19 放置陰涼處或冷藏一晚。

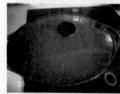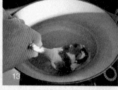

20 分裝至密封保鮮袋。

21 或放在玻璃烤盅。

22 放入100℃預熱10分鐘的烤箱低溫烘烤40分鐘。

23 或放在平底鍋中和切片蘋果一起乾煎上色。

24 蓋上鍋蓋，小火燜煎成熟。

25 即可盛盤趁熱吃。

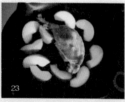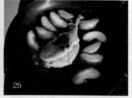

8-9 *Confit de canard*

小叮嚀

1　步驟2～3的用意是使鹽分完全入味至生鴨腿中，若少了這個步驟，油封鴨腿會平淡無味。可使用粗鹽代替食鹽，沖洗掉多餘鹽分，擦乾，再繼續下一個步驟，不然油封後的鴨腿會過鹹。

2　剛開始熬炸鴨腿時，無法浸泡過所有鴨腿，別擔心，因為鴨腿在熬炸中還會再炸出油。

3　佐鴨腿的配菜，可搭配用水煮熟去皮的馬鈴薯。以平底鍋乾煎馬鈴薯時，可放少許鴨油一起煎製鴨腿、馬鈴薯、切片蘋果。用烤箱烘烤較省事方便，將煮至半熟去皮的馬鈴薯或切片蘋果用鴨油乾煎上色，再放入玻璃盅和鴨腿一起烘烤，配上綠色沙拉一起裝盤食用。

4　烘烤後剩下的鴨油放涼，可收集起來放在密封袋裡，放置冷凍庫，等下回再製作油封鴨腿時回收利用。製作前一天放置冷藏退凍，即可再次製作使用。

8-10

土魯斯卡酥來
Cassoulet toulousain

法國西南部庇里牛斯山區（Midi-Pyrénées）的土魯斯（Toulouse）的傳統知名料理。主要以法國小白豆和土魯斯風味肉腸、油封鴨腿、豬肉、排骨、羊肉、蔬菜等多種食材香料，一起烹煮幾小時，放入陶盅中，再撒上麵包粉焗烤，製作起來費時花功夫。傳說在14世紀的英法戰爭時期，卡酥來的原產地朗格多克-胡西永區（Languedoc-Roussillon）的卡斯特諾達利（Castelnaudary），法軍被英軍圍堵困在這個城鎮，生活匱乏，物資短缺，當地人便收集各種肉類和蠶豆來料理止飢。傳說中，最古老的配方是以羊肉和蠶豆來烹煮，可能是一般農家的家庭食譜，把自己種植的豆子混合著肉類煨燉而已。最初以蠶豆、豇豆來製作，16世紀後則出現從美國進口的長形小白豆，才開始用小白豆來製作卡酥來。

法文Cassoulet，是以伊塞爾（Issel）14世紀所生產，以黏土和石灰石土壤原料製作出的紅磚色圓陶盅（Cassole）來命名。19世紀末，南部有一篇雜誌報導聲稱，唯有卡斯特諾達利的卡酥來，才是正宗卡酥來，其他如土魯斯卡酥來，和同樣在朗格多克-胡西永區的卡爾卡松（Carcassonne）做出類似卡酥來羊腿燉豆，都不正宗。三個地方共有三種配方，唯一相同的是小白豆，卡斯特諾達利的作法，是以油封鵝腿、豬腿或豬肩肉、肉腸或豬皮等，和胡蘿蔔、西洋芹根、韭蔥和豆子燉煮後，再去焗烤。卡爾卡松以油封紅

鶇鴣、羊腿肉和豬肉製作；土魯斯則以土魯斯風味腸、豬肉或排骨、羊肉和胡蘿蔔、洋蔥、豆子熬煮後，與油封鴨腿一起裝入陶盅內，表面撒上麵包粉焗烤上色。無論是哪種作法，小白豆與肉類、香腸或油封鵝腿，入口即化，值得玩味品嘗。可省略焗烤過程，燉好調味直接裝盤享用也可。此配方已經改良，不用豬皮和禽類油脂，少了脂肪，但熱量也不低。因此，法國人在冬天吃這道卡酥來，因為冬天需要更多脂肪囤積，好對抗嚴寒。若不想自己費工製作，法國各地超市也都買得到罐裝或瓶裝卡酥來，不過，自己做的新鮮健康又自然美味。

| 份　　量：4人份 |
| 難 易 度：★★★ |
| 烤箱溫度：200℃ |
| 烘烤時間：1小時 |

材料

◆300g乾燥小白豆　◆4條土魯斯肉腸　◆700g半鹽豬肩肉◆3條胡蘿蔔（小條的約6～8條）
◆3顆洋蔥　◆2顆番茄　◆2份月桂葉百里乾燥香料串　◆約12粒乾燥丁香　◆約3公升冷水
◆20g沙拉油　◆少許食鹽　◆少許白胡椒　◆2隻熟油封鴨腿（請參考「8-9油封鴨腿」）　◆30g麵包粉

作法

1　乾燥小白豆放入深鍋。

2　加入過半冷水浸泡2小時。

3　2顆洋蔥和胡蘿蔔洗淨去皮去蒂，切丁切塊備用。

4　另1顆洋蔥插上丁香備用。

5　番茄去皮去籽，切成小丁備用。

6　土魯斯肉腸切對半，半鹽豬肩肉切塊備用。

7　炒鍋裡放入10g沙拉油，以中火預熱。

8　放入切對半的土魯斯肉腸，乾煎至表面上色，放在大盤中備用。

9　倒入切塊半鹽豬肉，乾煎至表面上色後，起鍋裝入大盤備用。

10　同一只炒鍋裡，倒入10g沙拉油，倒入洋蔥拌炒上色。

11　加入切塊胡蘿蔔拌炒2分鐘。

12　加入切丁番切拌炒。

13　倒入250g約一碗水混合拌炒。

14　倒入炒上色的香腸和豬肩肉拌炒均勻。

15　蓋上鍋蓋小火燜煮10分鐘，離火備用。

16　乾燥小白豆泡水2小時，濾乾水分，沖洗一下，再濾乾水分。

17　一只鐵鍋放入小白豆、1.5公升水、3g食鹽和插好丁香的洋蔥、乾燥香料串，以大火煮開。

18　蓋上鍋蓋，轉中火慢燉30分鐘。

19 拿掉丁香洋蔥和香料串，濾乾水分，並將鐵鍋沖洗乾淨。

20 煮七分熟小白豆，再倒回鐵鍋中。

21 倒入燜煮好備用的蔬菜香腸肉類，並倒入400g水。

22 放入另一串香料串，以中火煮滾。

23 蓋上鍋蓋，轉小火燜煮1小時。

24 拿掉香料串，加入食鹽、白胡椒調味拌勻。

25 2隻油封鴨腿切對半。

26 煮好的小白豆、香腸、豬肩肉等裝入耐烤盅內，並放上油封鴨腿。

Finish ▶▶▶

27 表面均勻撒上麵包粉（圖27～27-1）。

28 放在烤盤上，放入200℃預熱好10分鐘的烤箱烘烤1小時。

29 移出烤箱，即可盛盤食用。

8-10 *Cassoulet toulousain*

小叮嚀

1　步驟19，沖洗煮熟小白豆時，稍微沖一下即可，不要用手過度翻拌小白豆，否則半熟豆子容易破皮，影響外觀。

2　乾燥香料串是以乾燥或新鮮的月桂葉和百里香取幾根，用棉線綁在一起的香料串。可自己買新鮮材料綁製，或買現成新鮮或乾燥製品也可。

3　手邊若無油封鴨腿可不加，想自己製作請參考「8-9油封鴨腿」。

4　請在最後調味時，依照個人口味調整鹹度。

Part 9

宴客賓主盡歡的
法國風味套餐

精心設計10套從開胃鹹點、前菜、主菜、甜點的風味套餐，
每套皆是法國人家餐桌上的傳統家鄉味。
各組套餐並推薦適合搭配菜餚的佐餐美酒，
讓你把自家廚房變成星級餐廳，
下廚宴客更輕鬆簡單。

Menu 法國東北 Alsacien
亞爾薩斯經典套餐

〔開胃鹹點／Amuse bouche〕

亞爾薩斯火焰塔
Flammeküeche

Resipe : p. 354

〔前菜／Entrée〕

女王蘑菇千層派
Bouchée à la Reine

Resipe : p. 344

〔主菜／Plat〕

Resipe : p. 360

亞爾薩斯酸菜醃肉香腸
Choucroute garnie

〔甜點／Dessert〕

黑森林櫻桃蛋糕
Forêt noire

Resipe : p. 144

〔推薦佐餐酒〕

前菜：薄酒萊紅酒 Beaujolais．亞爾薩斯灰皮諾白酒 Alsace Tokay pinot gris
主菜：亞爾薩斯雷斯令白酒 Riesling．勃艮地夏布利白酒 Chablis
羅亞爾河谷密斯卡得白酒 Muscadet val de Loire
波爾多聖艾美儂紅酒 Saint-Emilion

Menu Breton
不列塔尼經典套餐

〔開胃鹹點／Amuse bouche〕

Resipe : p. 292

鮮乳酪火腿可麗餅捲
Crêpes roulées à la crème fraîche et jambon de Bayonne

〔前菜／Entrée〕

不列塔尼焗干貝
Coquilles Saint-Jacques à la bretonne

Resipe : p. 326

Resipe : p. 364

〔主菜／Plat〕

不列塔尼燉菜
Kig ha farz

〔甜點／Dessert〕

不列塔尼傳統奶油餅
Gâteau breton

Resipe : p. 170

〔推薦佐餐酒〕

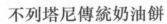

前菜：羅亞爾河谷夏布利白酒 Chablis・羅亞爾河谷索米爾白酒 Saumur val de Loire

主菜：波爾多紅酒 Bordeaux・羅亞爾河谷席儂紅酒 Chinon val de Loire

隆河谷村莊紅酒 Côte du Rhône villages

波爾多聖艾美儂紅酒 Saint-Emilion

Menu Normand

法國北部

諾曼地經典套餐

〔開胃鹹點／Amuse bouche〕

三色麵包棒佐卡蒙貝爾熱乳酪

Bâtonnets au camembert chaud

Resipe : p. 296

Resipe : p. 301

〔前菜／Entrée〕

羊乳酪蘆筍塔

Tartelettes aux asperges et au fromage de chèvre

Resipe : p. 374

〔主菜／Plat〕

諾曼地香煎鱒魚

Truite à la normand

〔甜點／Dessert〕

諾曼地蘋果蛋塔

Flan normand aux pommes

Resipe : p. 130

〔推薦佐餐酒〕

前菜：羅亞爾河谷密斯卡得白酒 Muscadet val de Loire
普羅旺斯粉紅葡萄酒 Côte de Provence · 薄酒來紅酒 Beaujolais
主菜：阿爾薩斯白／灰皮諾白酒 Alsace pinot blanc / noir ou Klevener
羅亞爾河谷尚賽爾白酒 Sancerre val de Loire · 勃艮地夏布利白酒 Chablis
勃艮地普伊–凡塞爾白酒 Pouilly-Vinzelles

Menu 法國北部 Parisien
巴黎經典套餐

〔開胃鹹點／Amuse bouche〕

鵝肝醬佐糖漬洋蔥
Toastes au foie gras et oignon confit

Resipe : p. 285

〔前菜／Entrée〕

法式魚派
Terrine de poisson

Resipe : p. 274

Resipe : p. 369

〔主菜／Plat〕

巴黎燉牛肉
Bœuf mironton

〔甜點／Dessert〕

Resipe : p.242

法國乳酪蛋糕
Gâteau au fromage blanc

〔推薦佐餐酒〕

前菜：羅亞爾河谷夏布利白酒 Chablis · 羅亞爾河谷尚賽爾白酒 Sancerre val de Loire
主菜：隆河谷村莊紅酒 Côte du Rhône villages · 歐克區紅酒 Vin de pays d'Oc
羅亞爾河席儂紅酒 Chinon val de Loire · 波爾多聖艾美儂紅酒 Saint-Emilion

Menu 法國中部 Bourguignon
勃艮地經典套餐

Resipe : p. 330

〔開胃鹹點／Amuse bouche〕
法式焦糖洋蔥香腸派
Feuilletés aux saucisses et aux oignons confits

〔前菜／Entrée〕
乳酪舒芙蕾
Soufflé au fromage

Resipe : p. 349

Resipe : p. 378

〔主菜／Plat〕
勃艮地紅酒燉牛肉
Bœuf bourguignon

〔甜點／Dessert〕
軟綿蘋果蛋糕
Gâteau moelleux aux pommes de grande mère

Resipe : p. 222

〔推薦佐餐酒〕

前菜：羅亞爾河谷索米爾–尚比尼紅酒 Saumur-Champigny val de Loir
羅亞爾河谷安茹紅酒 Anjou val de Loire
主菜：勃艮地紅酒 Bourgogne · 薄酒萊風車紅酒 Moulin-à-vent
羅亞爾河谷索米爾紅酒 Saumur Val de Loire
隆河谷教皇新堡紅酒 Châteauneuf-du-Pape

Menu Champenois

法國中北

香檳經典套餐

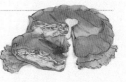

〔開胃鹹點／Amuse bouche〕

馬鈴薯肉餡餅

Pâté de pommes de terre

Resipe : p. 269

〔前菜／Entrée〕

韭蔥乳酪鹹派

Tarte flamiche

Resipe : p. 280

〔主菜／Plat〕

法式紅酒燴雞

Coq au vin

Resipe : p. 382

〔甜點／Dessert〕

科茲榛果蛋糕

Gâteau creusois

Resipe : p. 149

〔推薦佐餐酒〕

前菜：波爾多貝傑哈克紅酒 Bergerac・薄酒萊紅酒 Beaujolais

主菜：隆河谷教皇新堡紅酒 Châteauneuf-du-Pape・波爾多梅多克紅酒 Médoc

羅亞爾河谷席儂紅酒 Chinon val de Loire

波爾多聖愛美儂紅酒 Saint-Emilion

Menu Provençal

法國南部

普羅旺斯經典套餐

〔開胃鹹點／Amuse bouche〕

三重奏披薩
Trio pizzas

Resipe : p. 306

〔前菜／Entrée〕

迷你海鮮餡餅
Tourtes aux fruits de mer

Resipe : p. 321

Resipe : p. 388

〔主菜／Plat〕

普羅旺斯淡菜
Moules à la provençale

〔甜點／Dessert〕

冰鎮牛軋糖
Nougat glacé

Resipe : p. 248

〔推薦佐餐酒〕

前菜：羅亞爾河谷尚賽爾白酒 Sancerre val de Loire・亞爾薩斯席凡尼白酒 Alsace Sylvaner
主菜：羅亞爾河谷尚賽爾白酒 Sancerre val de Loire・波爾多雙海白酒 Entre-Deux-Mers
勃艮地夏布利白酒 Chablis・普羅旺斯粉紅葡萄酒 Côte de Provence

Menu Niçoise

法國南部

尼斯經典套餐

〔開胃鹹點／Amuse bouche〕

法式鮪魚醬
Rillettes de thon

Resipe : p. 312

〔前菜／Entrée〕

鵝肝醬佐糖漬洋蔥
Toasts au foie gras et oignons confits

Resipe : p. 285

〔主菜／Plat〕

尼斯風味雞
Poulet à la niçoise

Resipe : p. 391

〔甜點／Dessert〕

聖托佩塔
Tarte tropézienne

Resipe : p. 184

〔推薦佐餐酒〕

前菜：隆河谷塔瓦粉紅葡萄酒 Tavel・羅亞爾河谷安茹粉紅葡萄酒 Rosé d'Anjou

主菜：普羅旺斯粉紅葡萄酒 Côte de Provence・朗格多克–胡西永寇比爾紅酒 Corbières

勃艮地巴斯杜康紅酒 Bourgogne passe-tout-grains

隆河谷聖約瑟夫紅酒 Saint-Joseph

Menu Toulousain

土魯斯經典套餐

〔開胃鹹點／Amuse bouche〕

Resipe : p. 316

蔥香藍黴乳酪一口酥

Bouchées aux oignons et au fromage de Roquefort

〔前菜／Entrée〕

馬鈴薯肉餡餅

Pâté de pommes de terre

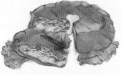

Resipe : p. 269

〔主菜／Plat〕

土魯斯卡酥來

Resipe : p. 400

Cassoulet toulousain

〔甜點／Dessert〕

杏仁西洋梨塔

Resipe : p. 232

Tarte aux poires à la frangipane

〔推薦佐餐酒〕

前菜：羅亞爾河谷索米爾–尚比尼紅酒 Saumur-champigny val de Loire
羅亞爾河谷安茹紅酒 Anjou val de Loire
主菜：羅亞爾河谷安茹紅酒・隆河谷村莊紅酒 Côte du Rhône villages
羅亞爾河谷布格紅酒 Bourgueil val de Loire・波爾多貝傑哈克紅酒 Bergerac

Menu Bordelais

波爾多經典套餐

〔開胃鹹點／Amuse bouche〕

雙乳酪鹹泡芙

Resipe : p. 340 Petites gougères aux deux fromages

〔前菜／Entrée〕

法式肉派

Pâté de compagne

Resipe : p. 396

〔主菜／Plat〕

Resipe : p. 264

油封鴨腿

Confit de canard

〔甜點／Dessert〕

紅漿果巴巴露亞

Bavarois aux fruits rouges

Resipe : p. 236

〔推薦佐餐酒〕

前菜：隆河谷村莊紅酒 Côte du Rhône villages・隆河谷摩根紅酒 Morgon
主菜：波爾多梅多克紅酒 Médoc・波爾多聖愛美儂紅酒 Saint-Emilion
波爾多格拉弗紅酒 Graves・波爾多布爾丘紅酒 Côtes de Bourg

一學就會!法國人氣甜鹹點&經典名菜

70道法國媽媽家傳配方,餐桌必備家常好味道,人人在家也能輕鬆做

作　　者	法蘭西斯·馬耶斯(Francis Maes)& 林鳳美
繪　　者	戴子維&戴子寧
主　　編	曹慧
美術設計	比比司設計工作室
社　　長	郭重興
發行人兼 出版總監	曾大福
總編輯	曹慧
編輯出版	奇光出版
	E-mail: lumieres@bookrep.com.tw
	部落格:http://lumieresino.pixnet.net/blog
	粉絲團:https://www.facebook.com/lumierespublishing
發　　行	遠足文化事業股份有限公司
	http://www.bookrep.com.tw
	23141新北市新店區民權路108-4號8樓
	客服專線:0800-221029　傳真:(02)86671065
	郵撥帳號:19504465　戶名:遠足文化事業股份有限公司
法律顧問	華洋法律事務所 蘇文生律師
印　　製	成陽印刷股份有限公司
二版一刷	2016年10月
定　　價	420元

版權所有·翻印必究·缺頁或破損請寄回更換

國家圖書館出版品預行編目資料

一學就會!法國人氣甜鹹點&經典名菜:70道法國媽媽家傳配方,餐桌必備家常好味道,
人人在家也能輕鬆做 / 法蘭西斯·馬耶斯(Francis Maes),林鳳美著.-- 二版.--
新北市:奇光出版:遠足文化發行, 2016.10
　面;　公分　ISBN 978-986-93688-0-3(平裝)

1.點心食譜 2.飲食風俗 3.法國

427.16　　　　　　　　　　　　　　　　　　　　105017476

線上讀者回函